海洋石油作业安全培训教材

硫化氢安全防护

中海油安全技术服务有限公司　组织编写

主　编:杨立军
副主编:任登涛　焦权声

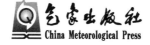

气象出版社
China Meteorological Press

内容简介

本书是《海洋石油作业安全培训教材》丛书的一个分册,在概述硫化氢的基础上,详细介绍了硫化氢的性质、浓度和暴露极限,以及硫化氢对人体的危害;进而从安全防护的角度出发,介绍了硫化氢检测、呼吸保护设备,以及硫化氢防护应急管理与应急演习;最后附录最新硫化氢安全防护的相关标准。本书可供海洋石油作业人员培训使用,也可供相关负责人和安全管理人员工作参考。

图书在版编目(CIP)数据

硫化氢安全防护 / 杨立军主编;任登涛,焦权声编著.—北京:气象出版社,2018.7(2021.8 重印)
海洋石油作业安全培训教材
ISBN 978-7-5029-6817-5

Ⅰ.①硫…　Ⅱ.①杨…　②任…　③焦…　Ⅲ.①硫化氢-安全防护-安全培训-教材　Ⅳ.①O613.51

中国版本图书馆 CIP 数据核字(2018)第 167261 号

Liuhuaqing Anquan Fanghu
硫化氢安全防护

出版发行:气象出版社

地　　址:北京市海淀区中关村南大街 46 号　　邮政编码:100081
电　　话:010-68407112(总编室)　010-68408042(发行部)
网　　址:http://www.qxcbs.com　　**E-mail:** qxcbs@cma.gov.cn
责任编辑:张盼娟　彭淑凡　　　　　　　　终　　审:张　斌
责任校对:张硕杰　　　　　　　　　　　　责任技编:赵相宁
封面设计:楠竹文化
印　　刷:三河市君旺印务有限公司
开　　本:710 mm×1000 mm　1/16　　　　印　　张:8.5
字　　数:144 千字
版　　次:2018 年 7 月第 1 版　　　　　　印　　次:2021 年 8 月第 6 次印刷
定　　价:30.00 元

本书如存在文字不清、漏印以及缺页、倒页、脱页等,请与本社发行部联系调换。

《海洋石油作业安全培训教材》
编审委员会

编写委员会

主　任：曹树杰

副主任：肖茂林　李　翔　赵兰祥　魏文普　刘怀增
　　　　李玉田　任登涛

委　员（按姓氏笔画排序）：

于　波　王　恒　王洪亮　付　军　朱荣东
朱海龙　刘　键　孙宗宏　李　强　李新军
杨立军　宋　杰　宋　晨　张　林　张　磊
苗玉超　苗红凯　周向京　高　阳　高立伟
高薇薇　崔少梅　葛　坤　粟　驰　谭　昆
谭志强　颜志华　潘云柯

审定委员会

主　任：王　伟

副主任：章　焱　杨东棹　朱生凤　陈　戎　焦权声
　　　　周维洪

委　员（按姓氏笔画排序）：

马海峰　王　钊　王　琛　王　超　王　辉
王大勇　王世坤　王旭辉　王顺红　王新军
冯　权　司念亭　刘　强　刘莉峰　李松杰
李海明　杨　平　邱煜凯　何四海　张　群
张志宽　张绍广　陈　强　依　朗　赵德喜
赵德雷　胡少林　秦　鹏　钱立锋　徐瑞翔
黄远雷

主　编：杨立军

副主编：任登涛　焦权声

前　言

　　硫化氢(H_2S)是无色、剧毒、易燃易爆的气体。空气中少量浓度的硫化氢即可危及人员生命安全,而油田企业硫化氢防护涉及钻井、测井、录井、试油(气)、修井、采油(气)、油气集输等作业环节,不可避免地会产生硫化氢逸出和泄漏问题。近年来,随着全球石油行业钻探、开采的不断深入和发展,由于硫化氢(H_2S)逸出、泄漏而造成人员伤亡和设备损坏的严重事故时有发生,尤其是2003年12月23日重庆开县罗家16 H井井喷失控导致高浓度硫化氢泄漏事故,造成243人死亡、数千人中毒、数万人受灾的重大损失,惨痛程度震惊中外,对中国石油行业的形象造成了极为恶劣的影响。

　　油田企业的安全生产工作是一项系统工程,涉及油气勘探开发的全过程。随着石油天然气勘探开发力度的加大,由此带来的安全生产风险也在不断增加。以往国内外相继发生的多起重大、特大井喷(失控)、硫化氢中毒事故,不但给社会带来了严重的不良后果,同时也影响着石油天然气的生产安全。

　　虽然国际、国内石油作业市场竞争日益激烈,但是从国家层面到企业层面,对硫化氢防护工作的重视程度越来越高,具体体现在防护物资、设备配备上不吝投资,在员工培训上也变得积极主动,从而形成了近几年硫化氢泄漏事故逐年减少的大好局面。然而在这大好局面的外表下,仍然隐藏着不少令人担忧的隐患,如不重视加以消除,这些隐患必将会酿成惨重的事故。重庆开县"12·23"重大硫化氢泄漏事故就是一个典型的例子。因此,为满足石油作业队伍在国内外石油作业中的安全生产需求,对石油作业及相关作业人员的硫化氢防护培训是十分必要的。居安思危,继续深入细致地做好硫化氢防护的培训工作,仍是海洋石油培训工作责无旁贷的使命。

为使从业人员在暴露于潜在硫化氢工作环境时具备相应的应急响应能力,本书按照海洋石油工业培训组织(OPITO)硫化氢防护培训标准的要求,主要依据《硫化氢环境天然气采集与处理安全规范》(SY/T 6137—2017)、《硫化氢环境钻井场所作业安全规范》(SY/T 5087—2017)、《硫化氢环境井下作业场所作业安全规范》(SY/T 6610—2017)、《硫化氢环境人身防护规范》(SY/T 6277—2017)等行业标准,并严格参照OPITO硫化氢防护培训课程标准大纲而编写。主要内容包括硫化氢的来源、硫化氢的性质、工作场所职业暴露极限、硫化氢环境对人体的危害、硫化氢的检测、呼吸保护设备的使用、硫化氢防护应急管理与应急演习等内容。该书既可作为硫化氢作业环境从业人员进行硫化氢防护培训的专业教材,也可供相关专业技术及管理人员参考,在培训实施及业务学习过程中,要充分结合本企业的实际情况对新标准进行把握和使用。

本书由杨立军、罗立建、谭昆等共同完成。第一、二、三章由杨立军、谭昆编写;第四、五、六章由罗立建、谭昆编写;第七章由杨立军、罗立建、谭昆编写。全书由崔少梅、宋杰、孙宗宏、谭志强、李新军统稿,由任登涛、焦权声审定。在此一并表示衷心的感谢。

本书在编写过程中参考了大量的文献,汲取了诸多专家的研究成果。在此,谨向有关作者、编者表示深深的谢意。

由于编者水平有限,本书难免存在错误和不妥之处,恳请读者批评指正,以便今后加以修订完善。

编者

2018 年 3 月

目　录

第一章　硫化氢概述

了解硫化氢的物理性质和化学性质,有助于发现硫化氢的存在场所。而确切了解硫化氢在石油天然气勘探开发特殊场所的具体位置,则更有利于防护。硫化氢不仅仅存在于石油工业的各个环节,如钻井、井下作业、采油采气、油气集输、炼油炼化等,而且存在于许多其他工作场所。硫化氢是有机质腐烂后的自然产物,因而其在各式各样的有机质存放场所中也会存在;硫化氢常为生产中产生的废气,一般在某些化学反应或蛋白质自然分解过程中产生,因而存在于多种生产过程及自然界中。如煤的低温焦化、含硫石油的开采和提炼,橡胶、人造丝、皮革、鞣革、硫化染料、甜菜制糖、动物胶等工业中都有硫化氢的生成;开挖整治沼泽地、沟渠、水井、下水道、潜涵、隧道以及清除垃圾、污物、粪便等作业过程中,也常遇到硫化氢气体。目前,世界上共有 70 多种职业有可能接触到硫化氢气体。从事以上作业的人员要注意预防硫化氢中毒。

第一节　硫化氢的形成

关于硫化氢的形成机理,国内外有许多研究成果。归纳起来,目前提出的硫化氢成因主要有 3 大类型,即生物化学成因、热化学成因及岩浆成因。最新科研成果指出:地层中硫化氢的形成与石膏的存在、温度、地层厚度及地层孔隙度、天然气组分等因素有关。温度高于 130 ℃、地层厚度大、地层孔隙发育、天然气是干气的情况下容易形成硫化氢。

一、生物化学成因

(1)生物体的代谢和降解产物

生物体内普遍含硫,它们的代谢和降解产物中,有脂肪族含硫化合物(如硫醇)、芳香族含硫化合物(如硫黄)、含硫的氨基酸(如蛋氨酸、胱氨酸、半胱氨酸),还有硫化氢和硫。生物死后,体内的硫和含硫有机物与沉积物一起埋入地下,进一步接受水解、氧化、细菌降解等各种复杂的化学和生化作用的改造,伴有硫化氢生成。由于这些过程一般发生在地表或浅层积物中,因此硫化氢难以保存下来。而在地层深处得以保存的含硫化合物、硫酸盐和硫,则为以后硫化氢的形成准备了物质条件。

(2)金属硫化物的氧化产物

当沉积岩中的金属硫化物处于氧化条件下时,游离氧、硫酸和某些硫酸盐都可以成为它的氧化剂:

$$2MeS_2 + 7O_2 + 2H_2O = 2MeSO_4 + 2H_2SO_4$$

$$MeS + H_2SO_4 = H_2S \uparrow + MeSO_4 (Me = Cu、Fe、Zn、Pb)$$

$$FeS_2 + Fe_2(SO_4)_3 = 3FeSO_4 + 2S$$

在硫化物的氧化和硫酸盐、硫化氢、硫的形成过程中,细菌起着重要的作用。实验证明,在细菌的参与下,黄铁矿和黄铜矿的氧化速度要比纯化学氧化快得多。这种氧化反应只能发生在上升剥蚀区的风化带和该带物源供给区的沉积岩氧化带。因此,所形成的硫化氢很快会被消耗,无法保存下来。而硫酸盐和硫却保存下来,成为以后地层中硫化氢形成的一种物源。

(3)硫酸盐的还原产物(BSR)

硫酸盐以及油田水中的 SO_4^{2-} 在厌氧条件下和有机质的参与下,通过硫酸盐还原菌的作用,被还原为硫化氢:

$$C_nH_m + Na_2SO_4 \rightarrow Na_2S + CO_2 \uparrow + H_2O \rightarrow NaHCO_3 + H_2S$$

$$SO_4^{2-} + 8e + 10H^+ \rightarrow H_2S + 4H_2O$$

自然界中的石膏、硬石膏通过还原形成碳酸钙和硫化氢就是一例:

$$CaSO_4 + 2C = CaS + 2CO_2 \uparrow$$

$$2CaS + 2H_2O = Ca(OH)_2 \downarrow + Ca(SH)_2$$

$$Ca(OH)_2 + Ca(SH)_2 + 2CO_2 = 2CaCO_3 \downarrow + 2H_2S \uparrow$$

这种还原反应随着埋深的增加而减少,因为在温度高于 70 ℃时,硫酸盐还原菌的活性已经降低,并且硫化氢具有毒性,当其体积分数大于 1％时就足以限制细菌的活动,因此硫酸盐的细菌还原作用不能在浅层油气中产生高浓度的硫化氢。由于生物化学作用产生的硫化氢,其体积分数一般不超过 0.1％,甚至可能低于 0.01％。

二、热化学成因

随着埋深和地温的增加,在生成硫化氢的化学反应中,包括不稳定含硫有机化合物的热化学分解和硫酸盐的热化学还原,起主导作用的已不再是细菌,而是温度。它是天然气中硫化氢最主要的成因和来源。这不仅为硫化氢的热化学成因人工模拟实验所证实,而且在地层中也找到了地质证据。当储层中存在着高活性的元素硫和多硫化合物时,高温条件也可将烃类氧化为有机化合物,并释放出硫化氢。

世界上大多数含硫化氢的气田都集中在深度 3000 m 以下,其原因可能与这种高温还原作用有关。

三、岩浆成因

岩浆活动使地壳深处的岩石熔融,产生含硫化氢的挥发成分。因为地球内部硫元素的丰度远远高于地壳,因此火山喷发物中往往有大量含硫化氢气体,而且火山喷溢形成的包裹体中多数含硫化氢。但是,这种火山气体中,硫化氢的浓度是极不稳定的,可以很高,也可以很低甚至没有,其含量在很大程度上取决于岩浆的成分、气体的运移等条件。

火山喷发时产生的硫化氢是无法保存下来的,但是岩浆侵入地层而未喷出地表时产生的硫化氢,在地层中有脱气空间、运移通道和聚集场所等条件的情况下,有可能保存下来,形成含硫化氢的气厩。

第二节　海洋石油作业中硫化氢的来源

在石油天然气的勘探开发过程中,许多特殊场所均有硫化氢气体存在,能遇到硫化氢气体的作业主要有钻井、井下作业、采油采气、炼油和酸洗等。

一、钻井作业中硫化氢的主要来源

(1)热作用于油层时,石油中的有机硫化物分解,产生硫化氢。一般来说,在含硫区块硫化氢的含量随地层埋深的增加而增大。

(2)石油中的烃类和有机质通过储集层水中硫酸盐的高温还原作用而产生硫化氢。

(3)通过裂缝等通道下部地层中硫酸盐层的硫化氢上窜而来。

(4)某些钻井液处理剂在高温热分解作用下产生硫化氢。

(5)某些丝扣油在高温中与游离硫反应生成硫化氢(在含硫油气井中禁止使用红丹丝扣油)。

(6)钻入含硫化氢地层,地层流体侵入钻井液,这是钻井液中硫化氢的主要来源。

二、井下作业中硫化氢的来源

对于含硫化氢的油气井,井下作业时循环洗井、循环压井、抽汲排液、放喷排液等过程都会释放出硫化氢气体,所以循环罐、油罐和储液罐周围都有可能存在硫化氢气体超标的状况。这是由于液体循环、自喷或抽汲时井内液体进入罐中造成的。

注意:油罐的顶盖、计量孔盖和封闭油罐的通风管都是硫化氢向外释放的途径。在井口、压井液、防喷管、循环泵、管线中也可能有硫化氢气体存在。

通过修井与修井时流入的液体,硫酸盐产生的细菌可能会进入以前未被污染的地层。随着这些地层中细菌的增长,作为它们生命循环的一部分,硫化氢将从硫酸盐中产生。这个事实已经在那些原来没有硫化氢的油气田中被发现。

三、采油采气作业中硫化氢的来源

在采油采气作业中,以下场所或装置中可能有硫化氢气体的泄漏。

(1)油、水和乳化剂的储藏罐;

(2)用来分离油和水、乳化剂和水的分离器;

(3)空气干燥器；

(4)输送装置、集油罐及其管道系统；

(5)用来燃烧酸性气体的放空池和放空管汇；

(6)气体输入管线系统之前,用来提高气体压力的压缩机中可能有硫化氢气体产生；

(7)装载场所:油罐车(船)连续数小时装油、装卸管线时管理不严或司机没有经过专门培训,从而引起硫化氢气体泄漏；

(8)计量站调整或维修仪表过程中可能会产生硫化氢泄漏；

(9)提高石油回收率过程中也可能会产生硫化氢。

四、酸洗作业中硫化氢的来源

酸洗输油、输气管道时也可产生硫化氢气体。在油井酸化、酸洗过程中,地层中和井筒壁上的硫酸盐等硫化物会与酸化、酸洗液发生反应产生硫化氢。地层中某些含硫的矿石,如硫化铁与酸液接触也会产生硫化氢:

$$FeS + 2HCl = H_2S \uparrow + FeCl_2$$

五、注水作业中硫化氢的来源

有的地层所含的油、气不一定一开始就是酸性的。注入液中的硫酸盐被细菌及微生物分解后,造成地层的污染,在地层中也会产生硫化氢气体,使硫化氢的含量增加。

六、炼油厂中硫化氢的来源

炼油厂里释放硫化氢的场所可归纳为7种:密封件、连接件、法兰、处理装置(包括冷凝装置)、排泄系统、取样阀以及其他破裂部位。处理装置是一个相当危险的地方,进入处理装置去清洗处理塔、清除污垢或进行其他维修作业,都有硫化氢中毒的危险。硫化氢可能会残留在处理装置中,或呈液态留在底板上,或存在于容器的外壳上,或聚集在罐体内壁的锈皮中。只要轻微振动容器中的液体或擦洗容器壁上的污垢就会使硫化氢扩散。

第三节　硫化氢可能存在的区域

1. 钻井设施

钻台、喇叭口、泥浆房、振动筛、机房、泵房等。

2. 采油采气设施

井口、油气管汇、油气水分离器、机房、沉箱、油气外输系统等。

3. 海上储油轮浮式生产储油卸油装置(FPSO)

油舱、污水舱、排气释压系统、油气生产处理区域、原油外输系统等。

4. 滩海、人工岛处可能存在硫化氢的区域

井口、油气水分离器、原油输出管道、机房泵房等。

5. 其他可能存在硫化氢的区域

食品加工厂、渔船、饲料加工厂、污水池、动物粪便池、城市下水管道、污水沟、隧道挖掘等都有可能会遇到硫化氢。

第二章 硫化氢的性质

一、硫化氢简介

硫化氢(H_2S)分子由 2 个氢原子和 1 个硫原子组成。

硫化氢是一种剧毒、无色、比空气重的气体。它的相对分子量为 34.08，约为空气的 1.189 倍。硫化氢具有臭鸡蛋气味。由于硫化氢能麻痹人的嗅觉神经，所以只能在低浓度时闻到，高浓度时反而闻不到类似臭鸡蛋的气味。因此绝对不能单凭闻气味来检测硫化氢存在与否。

二、物理性质和化学性质

硫化氢的毒性几乎与氰化氢的毒性相同，其致死浓度为 500 ppm，较一氧化碳的毒性大 5～6 倍。全世界每年都有人因硫化氢中毒而死亡，硫化氢已成为职业中毒杀手。在我国，因硫化氢中毒死亡的人数仅次于一氧化碳，居第二位。为预防硫化氢中毒事故的发生，首先要了解这种气体的物理、化学性质，才能避免人员受到伤害。

1. 颜色

硫化氢是无色、剧毒的酸性气体，是看不见摸不着的，无法通过眼睛来判断它是否存在。

2. 气味

硫化氢具有一种特殊的臭鸡蛋味，即使在其浓度较低时，也可以损伤人的嗅觉，因此，用闻味作为检测这种气体的方法是致命性的。

3. 密度

硫化氢是一种比空气重的气体，其相对密度为 1.189（相对于空气）。因此它多存在于低洼的地方，如地坑、下水道、圆井里等。但是硫化氢容易与其他气体相混合,如和天然气混合从而形成比空气轻的气体,会随着天然气飘到高处。

4. 可燃性

硫化氢气体的热稳定性很好,在 1700 ℃时才能分解。完全干燥的硫化氢在室温下不与空气中的氧气发生反应,但点火后能在空气中燃烧,在钻井、井下作业放喷时的燃烧率仅为 86% 左右。硫化氢燃烧时产生蓝色的火焰,并产生有毒的二氧化硫气体,二氧化硫气体会损伤人的眼睛和肺部。

在空气充足时,硫化氢与氧气发生化学反应,生成 SO_2 和 H_2O:

$$2H_2S + 3O_2 = 2SO_2 + 2H_2O$$

若空气不足或温度较低,则生成游离态的 S 和 H_2O:

$$2H_2S + O_2 = 2S + 2H_2O$$

这表明硫化氢气体在高温下具有一定的还原性。

硫化氢气体是易燃气体,燃点为 260 ℃。

5. 爆炸极限

当硫化氢气体以适当的体积分数(4.3%~46%)与空气或氧气相混合时,遇火就会发生爆炸,造成重大损失。因此有硫化氢气体存在的作业现场应配备硫化氢气体检测仪。

6. 可溶性

硫化氢气体能溶于水、乙醇及甘油中,在 20 ℃时 1 体积水能溶解 2.6 体积的硫化氢,生成的水溶液称为氢硫酸,浓度为 0.1 mol/L。氢硫酸比硫化氢气体具有更强的还原性,易被空气氧化而析出硫,使其溶液变浑浊。在酸性溶液中,硫化氢能使 Fe^{3+} 还原为 Fe^{2+},Br_2 还原为 Br^-,I_2 还原为 I^-,MnO^{4-} 还原为 Mn^{2+},CrO_7^{2-} 还原为 Cr^{3+},HNO_3 还原为 NO_2,而它本身通常被氧化为单质硫。当氧化剂过量很多时,H_2S 还能被氧化为 SO_4^{2-}。有微量水存在时,H_2S 能使 SO_2 还原为 S。

硫化氢能在液体中溶解,就意味着它能存在于某些存放液体(包括水、油、乳液和污水)的容器中。硫化氢的溶解度与温度和气压有关,温度越高溶解度越低。只要条件适当,轻轻地振动含有硫化氢气体的液体,就可使硫化氢气体挥发到大气中。

7. 沸点

液态硫化氢的沸点很低,因此通常所见的硫化氢为气态,其熔点为 −82.9 ℃,沸点为 −60.2 ℃。

第三章　硫化氢的浓度和暴露极限

一、硫化氢浓度的描述

对硫化氢含量的描述一般有两种方式：一是体积分数，也就是硫化氢在气体中的体积比，用 ppm 表示，1 ppm＝10^{-6}；二是质量浓度，即硫化氢在 1 m³ 气体中的质量，用 mg/m³ 表示。国际习惯用 ppm（ppm 在法定计量单位中已废用，但现场仍在使用）表示，而我国标准中常用 mg/m³ 表示，如《硫化氢环境钻井场所作业安全规范》（SY/T 5087—2017）规定，硫化氢的安全临界质量浓度为 30 mg/m³。用 ppm 表示的含量不受温度、压力的变化的影响，而用 mg/m³ 表示的含量受温度和压力的影响较大。在标准状况下，硫化氢气体的 1 ppm≈1.5 mg/m³。

这两种表示方法目前都在使用，所以我们有必要对其换算关系做一下了解。由气体状态方程可知，气体的体积受温度和压力的影响，在不同温度和压力下，气体的体积是不同的。所以利用气体状态方程，假定在标准状态（即温度 0 ℃ 和 1 个标准大气压下）下进行换算。

由 ppm 换算成 mg/m³ 的公式（也适用于其他气体）：

$$p＝M\phi/22.4$$

式中　p——硫化氢的质量浓度，mg/m³；

　　　M——硫化氢的相对分子量；

　　　ϕ——硫化氢气体的体积分数，ppm。

例：10 ppm＝34.08×10/22.4＝15.21 mg/m³（假定标准状态下）。

二、硫化氢的暴露极限

硫化氢是一种剧毒气体，与它接触可以使人发生从极其微弱的不舒服到致死等中毒症状。我国在石油勘探开发过程中对硫化氢的暴露极限做了相应的规定,这些规定对保护工作人员的生命安全十分重要,具体参照《硫化氢环境人身防护规范》(SY/T 6277—2017)的规定。

1. 阈限值(TLV)

在硫化氢环境中未采取任何人身防护措施,不会对人身健康产生伤害的空气中硫化氢最大值。本标准中的阈限值为 15 mg/m³(约 10 ppm)。

2. 安全临界浓度(SCC)

在硫化氢环境中 8 h 内未采取任何人身防护措施,可接受的空气中硫化氢最大浓度值。本标准中的安全临界浓度为 30 mg/m³(约 20 ppm)。

3. 危险临界浓度(DTLV)

在硫化氢环境中未采取任何人身防护措施,对人身健康会产生不可逆转或延迟性影响的空气中硫化氢最小浓度值。本标准中的危险临界浓度 150 mg/m³(约 100 ppm)。

4. 立即威胁生命和健康的浓度(IDLH)

具有毒性、腐蚀性、窒息性的物质浓度达到会立刻对生命产生威胁或对健康产生不可逆转的或延迟性的影响或影响人员的逃生能力的浓度值。硫化氢的立即威胁生命和健康的浓度为 450 mg/m³(约 300 ppm),二氧化硫的立即威胁生命和健康的浓度为 270 mg/m³(约 100 ppm)。氧含量低于 19.5%为缺氧,低于 16%为 IDLH 浓度。

第四章　硫化氢对人体的危害

本章首先分析硫化氢的中毒机理,然后阐述硫化氢环境对人体健康的影响,并介绍中毒早期的抢救,最后重点介绍心肺复苏术。

第一节　硫化氢的中毒机理

硫化氢是一种神经毒气,亦为窒息性和刺激性气体。其毒性作用的主要靶器是中枢神经系统和呼吸系统,亦可伴有心脏等多器官损害,对中毒作用最敏感的组织是脑和黏膜接触部位。一个人对硫化氢的敏感性随其与硫化氢接触次数的增加而减弱,第二次接触就比第一次接触危险,依次减弱(危险)。硫化氢被吸入人体后,首先刺激呼吸道,使嗅觉钝化、咳嗽,严重时将其灼伤;其次,刺激神经系统,导致头晕,身体丧失平衡,呼吸困难,心跳加速,严重时因心脏缺氧而死亡。硫化氢进入人体,将与血液中的溶解氧产生化学反应。硫化氢浓度极低时,将被氧化,对人体危害不大,而浓度较高时,将夺取血液中的氧,使人体器官缺氧而中毒,甚至死亡。如果吸入高浓度(一般 300 ppm 以上)硫化氢,中毒者会迅速倒地,失去知觉,伴随剧烈抽搐,瞬间呼吸停止,继而心跳停止,这被称为“闪电型”死亡。此外,硫化氢中毒还可以引起流泪、畏光、结膜充血、水肿、咳嗽等症状。中毒者也可表现为支气管炎或肺炎,严重者可出现肺水肿、喉头水肿、急性呼吸综合征,少数患者可有心肌及肝脏损害。吸入低浓度硫化氢也会导致以下症状:疲劳、眼痛、头痛、头晕、兴奋、恶心和肠胃反应、咳嗽、昏睡。

一、硫化氢进入人体的途径

硫化氢只有进入人体并与人体的新陈代谢发生作用后,才能对人体造成伤害。硫化氢进入人体有三种途径:①通过呼吸道进入;②通过皮肤吸收;③通过消化道吸收。主要途径为从呼吸道吸入,只有少量经过皮肤和肠胃进入人体。

二、硫化氢进入人体造成的主要损害

1. 中枢神经系统损害

(1)接触较高浓度硫化氢后可出现头痛、头晕、乏力、供给失调,可发生轻度意识障碍。常出现眼和上呼吸道刺激症状。

(2)接触高浓度硫化氢以脑病表现显著,出现头痛、头晕、易激动、步态蹒跚、烦躁、意识模糊、谵妄、癫痫样抽搐呈全身性强直痉挛等;可突发昏迷;也可发生呼吸困难或呼吸停止后心跳停止。

(3)接触极高浓度硫化氢后可发生电击样死亡,即在接触后数秒或数分钟内呼吸骤停,数分钟后可发生心跳停止;也可能立即或数分钟内昏迷,并呼吸骤停而死亡。死亡可在无警觉的情况下发生,当察觉到硫化氢气味时嗅觉立即丧失,少数病例在昏迷前瞬间可嗅到令人作呕的甜味。人员死亡前一般无先兆症状,出现呼吸深而快,随之呼吸骤停。

2. 呼吸系统损害

可出现化学性支气管炎、肺炎、肺水肿、急性呼吸窘迫综合征等。少数中毒病例以肺水肿的临床表现为主,而神经系统症状较轻。可伴有眼结膜炎和角膜炎。

3. 心肌损害

在中毒病例中,部分病例可发生心悸、气急、胸闷或心绞痛样症状,少数病例在昏迷恢复、中毒症状好转 1 周后产生心肌梗死一样的表现。心电图呈急性心肌梗死一样的图形,但可很快消失。其病情较轻,病程较短,治愈后良好,诊疗方法与冠状动脉粥样硬化性心脏病所致的心肌梗死不同,故考虑为弥漫性中毒性心肌损害。心肌酶谱检查可有不同程度异常。

第二节　硫化氢环境对人体健康的影响

通常,当大气中的硫化氢浓度达到 0.195 mg/m³(0.13 ppm)时,有明显的臭鸡蛋味,随浓度的增加臭鸡蛋味加重;当浓度超过 30 mg/m³(20 ppm)时,由于嗅觉神经麻痹,臭味反而不易嗅到。急性中毒人员多在事故现场发生昏迷,其程度因接触硫化氢的浓度和时间而异,偶可伴有无呼吸衰竭。部分病例在脱离事故现场或转院途中即可复苏。到达医院时仍维持生命特征的患者,如无缺氧性脑病,多数恢复较快。昏迷时间较长者在复苏后可有头痛、头晕、视力或听力减退、定向障碍、供给失调或癫痫样抽搐等,绝大部分病人可完全恢复(曾有报道 2 例病例发生迟发性脑病,均在深昏迷 2 天后复苏,分别于 1.5 和 3 天后再次昏迷,又分别于 2 周和 1 月后复苏)。

一、不同浓度的硫化氢环境对人体的危害

(1)0.195 mg/m³(0.13 ppm):可以闻到有明显难闻的气味,达到 6.9 mg/m³(4.6 ppm)时就非常明显,随浓度的增加,嗅觉就会疲劳,气体不再能通过气味来辨别。

(2)15 mg/m³(10 ppm):有令人讨厌的气味,眼睛可能受到刺激,为标准的阈限值。

(3)22.5 mg/m³(15 ppm):美国政府工业卫生专家公会推荐的 15 min 短期暴露范围平均值。

(4)30 mg/m³(20 ppm):在暴露 1 h 或更长时间后,眼睛有灼烧感,呼吸道受到刺激,为美国职业安全与健康局的可接受的上限值。

(5)75 mg/m³(50 ppm):暴露 15 或 15 min 以上的时间后嗅觉就会丧失。如果时间超过 1 h,可能导致头痛、头晕和(或)摇晃。超过 75 mg/m³(50 ppm)将会出现肺浮肿,也会对人的眼睛产生严重刺激或伤害。

(6)150 mg/m³(100 ppm):3~15 min 就会出现咳嗽、眼睛受刺激和失去嗅觉的症状。在 5~20 min 后,呼吸就会变样,眼睛就会疼痛并昏昏欲睡,在 1 h 后就会刺激喉咙。延长暴露时间将逐渐加重这些症状。

(7)450 mg/m³(300 ppm)：有明显的结膜炎和呼吸道刺激，立即危害生命和健康。

(8)750 mg/m³(500 ppm)：短期暴露后人员就会不省人事，如果不迅速处理就会停止呼吸，头晕、失去理智和平衡感。应迅速进行人工呼吸和(或)心肺复苏。

(9)1050 mg/m³(700 ppm)：意识快速丧失，如不迅速营救，呼吸就会停止并导致死亡。必须立即采取人工呼吸和(或)心肺复苏。

(10)1500 mg/m³(1000 ppm)：以上知觉立即丧失，将会产生永久性的脑伤害或脑死亡。必须迅速进行营救，进行人工呼吸和(或)心肺复苏。

二、人体接触硫化氢的主要症状

按吸入硫化氢浓度及时间不同，临床表现轻重不一。

(1)轻者主要是刺激症状，表现为流泪、眼刺痛、流涕、咽喉部灼热感，或伴有头痛、头晕、乏力、恶心等症状。检查可见眼结膜充血、肺部可有干啰音，脱离接触后，经医务人员治疗短期内可治愈。

(2)中度中毒者(接触浓度在 15～450 mg/m³(10 ppm～300 ppm)时)黏膜刺激症状加重，出现咳嗽、胸闷、视物模糊、眼结膜水肿及角膜溃疡，患者看光源时周围有色环存在，视觉模糊，这是眼结膜水肿的征兆；有明显头痛、头晕等症状，并出现轻度意识障碍，肺部闻及干性或湿性啰音，X 线胸片显示肺纹理增强或有片状阴影。

(3)重度中毒接触浓度在 750 mg/m³(500 ppm)以上时，以中枢神经系统的症状最为突出。患者可首先发生头晕、心悸、呼吸困难、行动迟钝，如继续接触，则出现烦躁、意识模糊、呕吐、腹痛和抽搐，迅即陷入昏迷状态，昏迷和抽搐持续较久者可发生中毒性肺炎和脑水肿，出现昏迷、肺水肿、呼吸循环衰竭。

(4)当吸入极高浓度(1500 mg/m³(1000 ppm)以上)时，可出现"闪电型"死亡。严重中毒者可留有神经、精神后遗症。

(5)当大气中硫化氢浓度达到 0.195 mg/m³(0.13 ppm)时，有明显的臭鸡蛋味，如果人体长时间暴露在低硫化氢浓度的环境中，硫化氢将对人体产生刺激反应，可致人体嗅觉减退。一部分接触者有神经衰弱症状，有的尚有自主神经功能障碍，如腱反射增强、多汗、手掌潮湿、持久的红色皮肤划痕等，偶尔也能引起多发性神经炎。如脱离接触后短期内可恢复。

第三节　硫化氢中毒早期抢救

硫化氢是一种剧毒气体,在石油勘探开发过程是无法避开的。其在浓度很低的情况下就可能置人于死地,时间短,反应快。硫化氢现场的急救措施就显得特别重要,能减少因硫化氢中毒而没有得到及时抢救的死亡病例。因此,掌握硫化氢的中毒途径及现场急救知识,对于保障人身安全、实现安全生产等都具有重要意义。

一、硫化氢人员中毒救援措施

因为低浓度硫化氢也能置人于死地,而高浓度硫化氢导致中毒者立即停止呼吸和心跳,如果不立即采取措施进行抢救,帮助中毒者恢复呼吸和心跳,中毒者不会自动恢复呼吸和心跳,将会在短时间内死去。因此,必须采取正确方法对中毒者实施现场急救。

1. 离开毒气区域

(1)了解硫化氢气体的来源地;

(2)确定风向(如果中毒事件发生在室外);

(3)确定进出路线,避免自身中毒。

2. 报警

通过按动报警器,使报警器报警。

通过电话、对讲机通知控制室值班人员,打开警报系统报警,并说明毒气区域或来源、是否有人员中毒。如没有合适的报警系统,也可以大声警告在毒气区域里的其他人员。

3. 佩戴正压式空气呼吸器

进入毒气区之前,救援人员应就近在安全区域找到正压式空气呼吸器,并按照所要求的佩戴程序戴好正压式空气呼吸器,并携带便携式硫化氢气体检测仪,随时检测空气中硫化氢的浓度,才能进入毒气污染区域,否则自己也会成为中毒者。我们每个人都应该有这样的自我保护意识,当有人被硫化氢气体击倒时,一定不能立刻冲进去提供救护,必须先评估一下现场情况,再根据救护技术和设备所需要用的工具,进行实际的安排,不要让自己成为第二个受害者。

4. 救出中毒人员

评估现场中毒情况,确保施救人员人身安全。

根据你所知道的中毒人员的状态及所处位置,选择合适的救护方案。

如果可能,寻求帮助并救护中毒者。

把中毒者抬到有新鲜空气的安全区域。

5. 对中毒人员进行现场急救

(1)检查中毒者的中毒情况;

(2)如果中毒者神志不清,要检查是否有呼吸、心跳;

(3)如果中毒者呼吸、心跳停止,应立即进行人工呼吸和胸外心脏按压(CPR),直至呼吸和心跳恢复、医生到达或你的身体不能再继续做了为止。有条件的可使用回生器(又叫恢复正常呼吸器)代替人工呼吸。

注意:中毒者吸入高浓度硫化氢,其肺部含有高浓度硫化氢,施救人员在进行口对口人工呼吸时,应在中毒者口与施救者口之间放一湿毛巾或其他工具,以避免施救者因吸入中毒者肺部的高浓度硫化氢而产生中毒现象。

6. 寻求医疗帮助

(1)对每一名中毒者进行医疗帮助,不管他是否中毒倒下;

(2)继续抢救使中毒者复活,直到医疗帮助人员到达;

(3)当医疗人员到达后,继续协助医疗人员对中毒者进行帮助;

(4)如果中毒者已经复活或送医院过程中复活,继续帮助直至他们能让医生诊断救护为止。

【案例分析】

你能将这些过程应用到偶然遇到的事故中。关于下面讲述的一名在狭长地带被毒气击倒的受害者,请你仔细阅读相关事例,看看可以用哪些步骤来进行救护。

事例:你和一名泥浆工程师正在钻井循环罐上检查设备运行情况。你站在离泥浆工程师 5 m 远处,泥浆工程师正在检查,便携式正压空气呼吸器放在泥浆房中。泥浆工程师体重 75 kg,突然被释放出来的硫化氢气体击倒,靠在振动筛附近。你将怎么办?

分析事例后可采取以下六步进行救护:

第一步,离开毒气区域。

首先,你不能立刻冲上前去帮助你的伙伴,很明显,硫化氢气体的释放来源于振动筛。因硫化氢气体泄漏发生在室外,因此你要注意风向,尽快离开此地,并使身体保持直立,因为密度大的气体先在低水平的地面上扩散。

第二步,报警。

你要立即通过对讲机、附近的电话通知中央控制室值班人员或总监,启动硫化氢气体泄漏报警系统;同时大声喊叫,以通知能听到你声音的任何人员,让他们立刻撤离;并在振动筛上风方向找一个最近的报警开关按动,一旦报警器响了,就立刻离开毒气区域,保护好自己。

第三步,佩戴正压式空气呼吸器。

找到安全存放处的正压式空气呼吸器,按照操作要求佩戴呼吸器。

第四步,救出中毒人员。

估计现场情况,假定中毒者已失去知觉,这就意味着你不能靠他来给自己提供什么帮助。一定要记住,中毒者的体重比你重,或者他的体重使得在这种情况下任何技术都无法使用。

选择一个合适的方法。因为中毒者已失去知觉,因此确认中毒者受伤的程度是很重要的。为了安全,假设他可能受伤,采用拽领救护法抢救,就可以减少其受伤处恶化的机会。

一旦你到达中毒者身边,应立刻对他做尽可能的全面检查,确认其受伤处。如果他所处位置不适用拽领救护法,就将他滚到一个合适的位置,用双手紧紧抓住他的衣领(如果你能做到),将他拖至安全地带。计划好你的路线,要避开障碍物,因为障碍物逼迫你走走停停,虽然你有向前走的冲力,但保持身体运动或不停地走,会使你消耗较多的体力。留心观察中毒者,或许他自己会慢慢苏醒过来,观察可能出现的任何征兆,会比你第一次检查时发现的问题要多。如果你发现自己拖不动他,就应去寻求帮助,救护时间的浪费会直接影响中毒者复活的机会,而且你若过高地估计自己的实力,自己也许最终会成为一名受害者。

第五步,对中毒者进行现场急救。

一旦你进入安全地带,就要对中毒者进行全面的检查,有无受伤,有无呼吸、心跳等。如有呼吸、心跳,尽可能给予中毒者保暖和看护措施;若无心跳,应立即进行人工心肺复苏术。在一段时间内要密切注视着他,以防止停止呼吸或表现出需要急救的症状。

第六步,寻求医疗帮助。

向医生请求医疗救助。继续做人工呼吸和监视,一直到医生赶到。要记住,医疗帮助不仅仅针对被毒气击倒的伙伴,也针对你以及所有在硫化氢气体附近可能被毒气伤害到的其他人。

二、硫化氢人员中毒现场治疗原则

(1)迅速脱离现场,吸氧、保持安静、卧床休息,严密观察,注意病情变化。

(2)抢救、治疗原则以对症及支持疗法为主,积极防治脑水肿、肺水肿,早期、足量短程使用肾上腺糖皮质激素。对中、重度中毒者,有条件者应尽快,安排高压氧治疗。

(3)对呼吸、心跳骤停者,立即进行心肺复苏,待呼吸、心跳恢复后,有条件者尽快实施高压氧治疗,并积极对症、支持治疗。

(4)眼部受刺激处理措施如下:轻度时应立即用温水或2%小苏打水洗眼,再用4%硼酸水洗眼;然后滴入无菌橄榄油,继续再应用抗生素眼药水、醋酸可的松眼液滴眼,二者同时应用,每日滴4次以上,可起到良好的效果。

(5)及时转送医院,一般以对症治疗为主,采取综合治疗措施,也有用亚硝酸钠治疗急性硫化氢中毒成功的报道。对窒息者应立即进行人工呼吸。

除上述治疗外,应注意防治并发症,如肺水肿、脑水肿,同时给予抗生素预防感染等。

三、硫化氢人员中毒现场护理注意事项

(1)若人体皮肤接触到硫化氢,应立即脱去污染衣物,到沐浴站用大量的清水冲洗,冲洗时间在半个小时以上,并及时就医。

(2)如硫化氢进入眼睛,应立即就近到洗眼站进行冲洗,用手把眼睑提起,用大量清水或生理盐水彻底冲洗至少15 min以上,并及时就医。

(3)在中毒者心跳停止之前,当其被转移到新鲜空气区能立即恢复正常呼吸者,可以认为中毒者已迅速恢复正常。

(4)当呼吸和心跳完全恢复后,可给中毒者喂一些兴奋性饮料,如浓茶或咖啡,而且要有专人护理。

(5)如果眼睛受到轻度损害,可用大量清水或生理盐水彻底清洗,也可进行冷敷。

（6）在轻微中毒的情况下，中毒人员没有完全失去知觉，如果经短暂休息后本人要求回岗位继续工作时，医生一般不要同意，应令其休息1～2天。

（7）在医生证明中毒者已恢复健康可返回工作岗位之前，应把中毒者置于医疗监护之下。

在硫化氢毒气周围或附近的工作人员，都要掌握人工呼吸法和胸外心脏按压法，并经常实习训练。

第四节　心肺复苏术

硫化氢是剧毒性气体，人体因吸入硫化氢气体后昏迷，极有可能造成中毒者呼吸和心跳的停止。我们对呼吸和心跳停止的人员进行现场急救，需对中毒者立即进行人工心肺复苏术（CPR）。

心肺复苏术（Cardiopulmonary Resuscitation，CPR）是自20世纪60年代至今长达半个多世纪以来，全球最为推崇也是应用最为广泛的急救技术。可以说，上自国家元首下至平民百姓都在倡导并身体力行这项最重要、最基本的急救措施。因为在紧急救护中没有比抢救心跳、呼吸停止的伤病员更为紧迫重要的了。心肺复苏术就是针对骤停的呼吸和心跳采取的"救命技术"。

心肺复苏术既是专业的急救医学，也是现代救护的核心内容，是重要的急救知识技能。它是在生命垂危时采取的行之有效的急救措施。

众所周知，人体内是没有氧气储备的。正常的呼吸将氧气送至奔流不息的血液，并循环到达全身各处。由于呼吸、心跳的突然停止，全身重要脏器尤其是大脑发生缺血缺氧。大脑一旦缺氧4～6 min，脑组织即发生损伤，超过10 min即发生不可恢复损伤。因此，在呼吸、心跳停止4～6 min内，最好是在4 min内立即进行心肺复苏，在畅通气道的前提下进行有效的人工呼吸、胸外心脏按压，使带有新鲜氧气的血液到达大脑和其他重要脏器。

心肺复苏的意义不仅在于使心肺的功能得以恢复，更重要的是恢复大脑功能，避免和减少"植物状态""植物人"的发生。所以CPR必须争分夺秒，尽早实施。

一、心肺复苏概述

（1）定义：在心跳和呼吸骤停后，一切有效的为使心脏复跳和恢复自主呼吸而采取的医疗措施称为心肺复苏。

(2)目的:最基本的目的是挽救生命,而危及生命于瞬间的则是心跳、呼吸的骤停。

(3)时间对大脑的影响:大脑是高度分化和耗氧最多的组织,脑组织的重量占自身体重的 2%,每人有 140 亿脑细胞,其血液供应非常丰富,血流量占输出量的 15%,脑细胞对缺氧的耐受性非常低,其耗氧量占全身耗氧量的 20%。脑细胞在常温下如果缺血缺氧,在不同的时间内人将受到不同程度的损害:一个人呼吸心跳刚刚停止,并不意味着人已死亡,此时称为临床死亡。如果一个人呼吸、心跳停止 4～6 min,造成大脑缺氧,脑细胞死亡,因脑细胞死亡是不可逆转的,此时称为生物死亡。

时间就是生命,心搏骤停的严重后果以秒计算(表 4-1)。

表 4-1　心脏骤停对人体的伤害

时间	结果
10 s	意识丧失、突然倒地
30 s	"阿斯综合征"发作
60 s	自主呼吸逐渐停止
3 min	开始出现脑水肿
6 min	开始出现脑神经元不可逆病理改变

提示:在血液循环停止 4 min 内实施正确的 CPR 效果最好;4～6 min 实施 CPR 部分有效;6～10 min 实施 CPR,少有复苏者;超过 10 min 者,几乎无成功复苏可能。由此可见,遇到心跳呼吸停止的病人,在医生到达之前,"第一目击者"应视时间为生命,牢牢抓住宝贵的分分秒秒,立即进行现场心肺复苏。

复苏的目的在于心肺脑复苏,脑复苏就是尽量减轻脑组织的损伤,修复因缺氧造成的脑组织损伤,最后恢复脑功能。

二、现场心肺复苏

1. 引起呼吸、心跳骤停的原因

(1)意外事故:触电、溺水、窒息、创伤、中毒等。

(2)器质性心脏病:冠心病、心肌炎、风湿性心脏病等。

(3)药物中毒及药物过敏:洋地黄及安眠药物中毒,青霉素和链霉素过敏。

(4)电解质和酸碱平衡紊乱:高钾血症、低血钾症、严重酸中毒。

2. 救护步骤

(1)评估环境

在任何事故现场,救护员要冷静地观察周围环境。判断环境是否存在危险,确认现场安全。避免对自己或他人造成危险,必要时采取安全保护措施或呼叫救援。

①现场可能存在的主要危险因素:起火、爆炸、带电物体、化学物质、腐蚀性物质泄漏、湿滑地面、有毒气体,其他危险因素如恶劣海况等。

②现场的安全防护措施:尽可能戴防护手套,必要时穿防护服,避免血液、污物沾染,防止感染,极端气温注意防暑或保温,如遇不能排除的危险,立即呼救,争取救援。

③及时、合理救护:伤势较重的伤员避免进食饮水,以免在后续急诊手术麻醉中引起呕吐,造成窒息。现场出现大批伤病员等待救援,急救人员不足时,要按照国际救助优先原则(简明检伤分类法)救护伤病员。

伤病员的分类应以醒目的标识卡表示,标识卡的颜色采用红、黄、绿、黑四色系统(表4-2)。医护人员或救护员根据伤病员标识卡的颜色即可知道救治或转运顺序。

表 4-2 伤病员标识卡分类

类别	程度	标志	伤情
第一优先	危重	红色	呼吸频率>30 次/分或<6 次/分;有脉搏搏动,毛细血管充盈时间>2 s;有意识或无意识
第二优先	重	黄色	呼吸频率<30 次/分;有脉搏搏动,毛细血管充盈时间<2 s;能正确回答问题,按指令动作
第三优先	轻	绿色	可自行走动
死亡	致命	黑色	无意识、无呼吸、无脉搏搏动

红色:第一优先(或即刻优先),表示伤病员情况危急,有生命危险,如果得到紧急救治则有生存的可能。

黄色:第二优先(或紧急优先),表示伤病员情况严重但相对稳定,允许在一定时间内救治。

绿色:第三优先(或延期优先),表示伤病员可以自行走动,不需要紧急救治。

黑色:表示伤病员无意识、无呼吸、无脉搏跳动或已死亡。

(2)判断意识

轻拍患者的双肩后靠近患者耳旁呼叫"喂,你怎么了!"如果患者没反应就要准备急救(图4-1)。

(3)摆体位

将伤病员放在地面或质地较硬的平面上,摆放为仰卧位。注意:千万不可以将伤病员放在沙发、草坪及软质的东西上,应将伤病员双手上举,救护员一腿屈膝一手托其后颈部,另一手托其腋下,使之头、颈、躯干整体翻成仰位(图4-2)。

图 4-1　判断意识

图 4-2　摆体位

(4)胸外心脏按压

胸外心脏按压形成人工循环(胸外心脏按压术)是心搏骤停后的唯一

有效方法。判断伤病员有无心跳可在环状软骨与胸锁乳突肌间,用食指及中指触摸颈总动脉约 10 s 的时间(图 4-3)。胸外心脏按压术是建立人工循环的关键性措施,有效的胸外心脏按压可获得正常心排血量的 10%～25%,最高可达 50%。

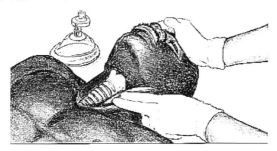

图 4-3　判断有无心跳

①按压位置:乳头连线水平正中(图 4-4)。

图 4-4　心脏按压位置

②按压深度:成人 5～6 cm(图 4-5),用力均匀,不可过猛。按压后要放松。按压与放松时间相等。放松时,手掌不要离开胸壁。

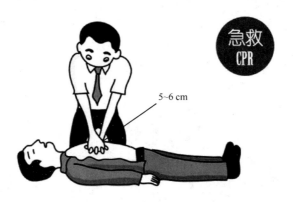

图 4-5　心脏按压深度

参考《2015 美国心脏协会心肺复苏及心血管急救指南》。

理由：按压主要是通过增加胸廓内压力以及直接压迫心脏产生血流。按压可以为心脏和大脑提供重要血流以及氧和能量。如果给出多个建议的幅度，可能会导致理解困难，所以现在只给出一个建议的按压幅度。虽然已建议"用力按压"，但施救者往往没有以足够幅度按压胸部。

③按压速度，每分钟 100～120 次（按压与放松时间大致相等）。

理由：心肺复苏过程中的胸外按压次数对于能否恢复自主循环以及存活后是否具有良好神经系统功能非常重要。每分钟的实际胸外按压次数由胸外按压速率以及按压中断（例如开放气道、进行人工呼吸或进行自动体外除颤器（AED）分析）的次数和持续时间决定。在大多数研究中，在复苏过程中给予更多按压可提高存活率，而减少按压则会降低存活率。进行足够胸外心脏按压不仅强调足够的按压速率，还强调尽可能减少这一关键心肺复苏步骤的中断。如果按压速率不足或频繁中断（或者同时存在这两种情况），会减少每分钟给予的总按压次数。

正确按压方法（图 4-6）

第二只手重叠在第一只手上，手指交叉，掌根紧贴胸骨。

错误按压方法示例

示例 1：双臂弯曲（图 4-7）。

示例 2：按压位置不当（图 4-8）。

示例 3：手掌交叉或手指翘起（图 4-9）。

图 4-6 正确按压方法

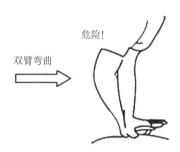

图 4-7 错误按压方法示例 1

④CPR 的比例为 30:2(先按压,以突出强调胸外心脏按压的重要性,每多向下按压一次胸骨,可以提高 25%的冠状动脉供血。2005、2010 版心肺复苏指南强调,为了保证自身安全不吹气,不犯原则性错误)。比利时学者发现:口对口通气和单纯胸外按压复苏效果无差别。

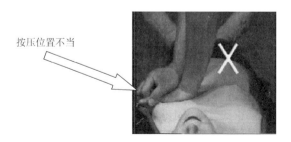

图 4-8 错误按压方法示例 2

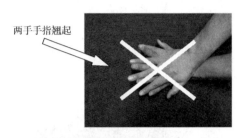

两手手指翘起

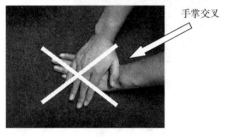

手掌交叉

图 4-9　错误按压方法示例 3

参考《2015 美国心脏协会心肺复苏及心血管急救指南》。

理由：单纯胸外按压（仅按压）心肺复苏对于未经培训的施救者更容易实施，而且更便于调度员通过电话进行指导。另外，对于心脏病导致的心脏骤停，单纯胸外按压心肺复苏或同时进行按压和人工呼吸的心肺复苏的存活率相近。

⑤清除异物，如淤泥、假牙、口香糖等。

清除口中异物，主要是避免呼吸道受阻塞，保持呼吸畅通。

具体操作如图 4-10 所示，将伤者的身体和头部同时侧转，迅速用一个手指或两个手指交叉从口角处插入，从中取出异物，操作中要注意防止将异物推到咽喉深处。

⑥打开气道。

气道阻塞的常见原因为舌后坠，开放气道的关键是解除舌肌对呼吸道的堵塞，主要有两种方法：仰头举颏法和双手托颌法。在仰头举颏法中，一手置于前额推头后仰，另一手食指和中指上抬下巴处，使下巴与耳垂连线与水平面垂直，保持 90°，如图 4-11 所示。

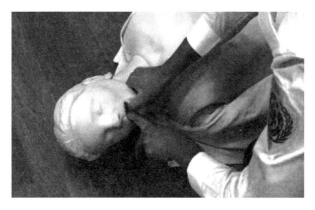

图 4-10　清除异物

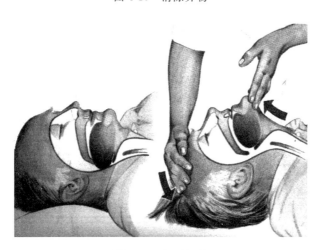

图 4-11　打开气道

⑦人工呼吸(无呼吸)原则:迅速、有效。

人工呼吸是急救中最常用而又简便有效的急救方法,它是在呼吸停止的情况下利用人工方法使肺脏进行呼吸,让机体能继续得到氧气和呼出二氧化碳,以维持重要器官的机能。

呼吸的调节由大脑内的呼吸中枢负责。血中少量二氧化碳有一定的兴奋呼吸中枢作用,从而引发呼吸。在正常静止状态呼吸时,每次呼出与吸入的空气约为 500 mL。

a. 判断有无呼吸可根据视、听、觉来判断,需要 5 s 的时间(图 4-12)。

视(看):用眼观察患者的胸部、腹部是否有起伏。

听:用耳朵听患者的口鼻处是否有呼吸的声音。

觉(感觉):用脸去感觉口、鼻是否有气体呼出。

图 4-12　判断有无呼吸

b. 人工呼吸的方法及注意事项(图 4-13):口对口人工呼吸仍然是最有效的现场人工呼吸法。方法有口对口、口对鼻。

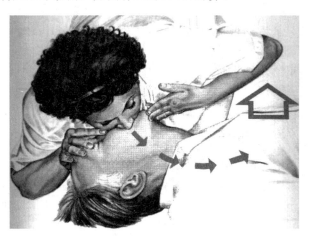

图 4-13　人工呼吸

注意事项:

* 气道畅通。

* 捏闭鼻翼。

- 正常吸气后,包严口,吹气。
- 吹气量(成人):500～600 mL,看到胸廓起伏。
- 时间:大于 1 s。
- 吹气完毕,松开鼻翼,侧头呼吸,并观察病人呼吸情况。

⑧人工心肺复苏有效、终止的指标。

CPR 有效指标:

- 面色、口唇由苍白、发绀变红润;
- 恢复脉搏跳动、自主呼吸;
- 瞳孔由大变小,恢复对光反射;
- 病人眼球能活动,手脚抽动,发生呻吟。

终止 CPR 指标:

- 病人自主呼吸与脉搏恢复。
- 有人或专业急救人员接替。
- 医生已确认病人死亡。

三、自动体外除颤器(AED)

AED 全称为自动体外除颤器(图 4-14),是一种便携式、易于操作,稍加培训即能熟练使用,专为现场急救设计的急救设备。从某种意义上讲,AED 又不仅是种急救设备,更是一种急救新观念,一种由现场目击者最早进行有效急救的观念。AED 有别于传统除颤器,可以经内置电脑分析和确定发病者是否需要予以电除颤。除颤过程中,AED 的语音提示和屏幕显示使操作更为简便易行。AED 非常直观,对多数人来说,只需几小时的培训便能操作。美国心脏协会认为,学用 AED 比学 CPR 更为简单。使用 AED 需急救人员逐步操作,首先在除颤前必须确定被抢救者具有"三无征",即:无意识、无脉搏、无呼吸。

具体操作步骤如下:

(1)打开电源开关。

(2)将两个电极固定在病人胸前,机器自动采集和分析心律失常(图4-15)。

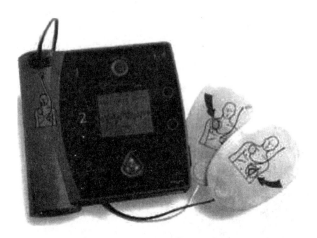

图 4-14　自动体外除颤器(AED)

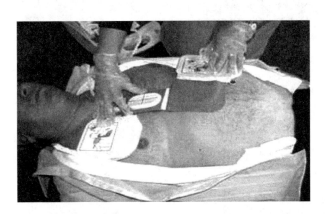

图 4-15　自动体外除颤器(AED)电极片粘贴位置

(3)操作者可获得机器提供的语音或屏幕信息。

一经明确为致命心律失常(室性心动过速、心室颤动),语音即提示急救人员按动除颤键钮,如不经判断即按下除颤键钮,机器不会自行除颤,可以避免误电击。判断及实施流程见图 4-16。

心室纤颤时心室失去收缩能力,其各部分发生快而不协调的乱颤,心脏无排血功能,对循环的影响等于心室停顿,此时,心音、脉搏均消失。

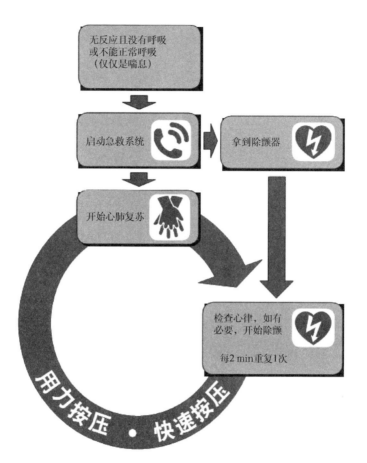

图 4-16 成人基础生命支持简化流程

第五章　硫化氢检测

在石油天然气钻采施工作业场所,一旦硫化氢气体的浓度超标,将威胁现场作业人员的安全,造成人员中毒甚至死亡,因此硫化氢检测设备配备尤其重要。而硫化氢检测设备的功能是否正常关系到作业人员的生命安全,作业者应了解其结构、原理、性能、使用方法及注意事项。

目前国际上对硫化氢气体的检测一般有两种方法:一是现场取样化验室化学检测法,这种方法测定的硫化氢浓度精度高,但测定程序烦琐,得到的数据不及时;二是采用检测仪器现场直接测定法,这种方法测定迅速,利于现场使用,但测定误差较大。本章主要介绍这两种检测方法。

第一节　化学检测法

化学检测法主要有醋酸铅试纸法、安培瓶法,抽样检测管法和碘量法。

一、醋酸铅试纸法

将醋酸铅试液涂在白色的试纸(或涂片)(图 5-1)上,试纸(或涂片)仍为白色,当与硫化氢气体接触时会变成棕色或黑色。让试纸(或涂片)与被测定区空气接触 3～5 min,根据色谱带对照图对照试纸(涂片)改变颜色的深度可判断硫化氢的浓度(在使用时注意将试纸沾上水)。

试液配方:10 g 醋酸铅＋100 mL 醋酸(或蒸馏水)

测量原理:

$$Pb(CH_3COO)_2 + H_2S = PbS(棕色或黑色) + 2CH_3COOH$$

试纸必须保存在密封、干净的广口试剂瓶里,使用时要用干净的镊子夹取,用水润湿后要立即暴露在被测定空气区域或悬放在盛放硫化氢气体的容器中。

这种测量方法的优点是价格低,方法简单易行。但存在着不少缺点,如:在测定时间(3~5 min)内,检测员与含硫化氢空气接触易出危险;浓度指示准确度低(试纸在低浓度空气中时间长同样可变得很黑)。它是一种定性(判断有无硫化氢气体存在)半定量(大致估计硫化氢浓度)的测定方法。

注意:检测人员如需暴露在硫化氢污染的大气中,需要佩戴正压式空气呼吸器,否则可能发生硫化氢中毒事故。

图 5-1 醋酸铅试纸

二、醋酸铅安培瓶法

在玻璃瓶内装有白色醋酸铅固体颗粒,瓶口用海绵塞住,硫化氢可通过海绵侵入瓶内与醋酸铅反应,使醋酸铅白色颗粒变黑。与试纸法一样,它是一种定性、半定量测量方法。

这种测量方法适用于测量空气中硫化氢气体的浓度,检测速度快,操作方法简单,检测员与含硫化氢空气接触后,容易出现危险。因此操作人员需要佩戴正压式空气呼吸器进行检测任务。

三、抽样检测管法

用醋酸铅试纸法和安培瓶法只能判断有无硫化氢存在。为了测得精确浓度,应戴上正压式空气呼吸器(或防毒面具)再进行气体抽样检查测定,抽样检测管法也称为比长式硫化氢测定管检测法。抽样检查装置由检测管和风箱(或真空泵)组成。这种测量方法检测精确度高,是一种较好的定量检测方法。

1. 检测管

检测管主要由玻璃管、除湿剂和指示剂组成(图 5-2)。检测管内的指示剂是白色的 $Pb(CH_3COO)_2$ 固体颗粒。管上标有刻度,通过检测管中黑色的长度来读数,指示硫化氢的浓度。检测管出厂时两端是封口的,有效保存期两年,使用前将两端封口切掉。短管用来测量低浓度硫化氢空气,长管用来测量高浓度硫化氢空气。

图 5-2　检测管结构示意图

2. 真空泵

真空泵结构如图 5-3 所示,可以拉伸或压缩,体积变化量为 V,上下各装有一个单向阀门,排出或吸入空气。检测管装在吸气阀门处。作业设施上常见的两种真空泵是风箱式真空泵(图 5-4)和针筒式真空泵(图 5-5)。

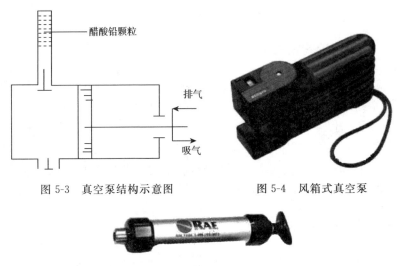

图 5-3　真空泵结构示意图　　　　图 5-4　风箱式真空泵

图 5-5　针筒式真空泵

3. 测量操作方法

(1)将检测管两端玻璃封口切掉,装在已经排掉空气的真空泵(或风箱)的进气口上(图 5-6)。

图 5-6　针筒式检测管示意图

（2）拉伸真空泵（或风箱），使含硫化氢的空气通过检测管进入泵（或风箱）内，空气中所含的硫化氢在通过固体颗粒时与醋酸铅产生化学反应，使颗粒变黑，产生一个变色柱或变色环。当进入泵（或风箱）内的空气体积一定时，空气中硫化氢含量越高，检测管变色的长度就越长。

（3）根据变色柱或变色环的长度，直接在检测管刻度上读取数据，刻度数据就是硫化氢气体的含量。而现场检测出来的含量一般是体积百分比浓度（ppm）。

4. 注意事项

（1）测量时应预先将风箱（或真空泵）内空气排尽，并检查风箱（或真空泵）的气密性能，以保证通过检测管进入风箱（真空泵）内的气体体积 V 达到精确度要求，避免测量数据出现误差。

（2）检测管打开后不要放置时间过久，以免影响测定结果。

（3）检测管应储存在阴凉处，不要碰坏两端玻璃封口，否则不能使用。

（4）测量操作较复杂，测量精度受检验员技术熟练程度的影响。

（5）作业人员取样时需注意做好个人防护措施，以免造成中毒事件。

四、碘量法

碘量法用于测量天然气中硫化氢的含量，不需任何昂贵仪器、适合现场分析、检测范围广、方法准确可靠等特点深受分析工作者青睐。

1. 检测目的

用碘量法测定油田天然气中硫化氢含量，追踪分析油田硫化氢情况，为硫化氢防治工作提供依据。

2. 检测原理

用乙酸锌溶液吸收气样中的硫化氢,生成硫化锌沉淀。加入过量的碘溶液以氧化生成硫化锌,剩余的碘用硫代硫酸钠标准溶液滴定,检测范围为 $0\sim100\%$。

3. 检测标准

每个检测过程,包括试剂、仪器的准备,溶液的配制,溶液标定以及计算,按《天然气含硫化合物的测定 第 1 部分:用碘量法测定硫化氢含量》(GB/T 11060.1—2010)的标准执行。

第二节　便携式硫化氢检测仪

便携式检测仪是根据控制电位电解法原理设计的,具有声光报警、浓度显示和远距离探测的功能。如腰带式电子检测器,具有体积小、重量轻、反应快、灵敏度高等优点(图 5-7)。它有两个报警值,当浓度达到第一报警值时,仪器发出断续声光报警;当浓度达到第二报警值时,将发出连续声光报警,硫化氢浓度值由液晶数字屏显示出来。在夜间,可利用照明功能照明;强噪条件下,可通过耳机监听声音报警。使用时应注意,超限时停用,防碰击。日常注意调校和检查电池电压。

图 5-7　便携式检测仪

一、便携式硫化氢检测仪的分类

1. 按取样方式分类

(1)泵吸式气体探测仪 Built-in Sampling Pump Detector(图 5-8)
多用于限制空间。

泵吸式气体检测仪配置了一个微型气泵,其工作方式是电源带动微型气泵对待测区域的气体进行抽气采样,然后将样气送入仪表进行检测。泵吸式气体检测仪的特点是检测速度快,对危险的区域可进行远距离测量,保护人员安全。适合于气体检测仪不能放置于现场,以及对反应速度、压差等有特殊要求的场合。

(2)扩散式气体探测仪 Diffuse Gas Detector(图 5-9)

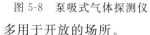

图 5-8　泵吸式气体探测仪

图 5-9　扩散式气体探测仪

多用于开放的场所。

扩散式与泵吸式气体检测仪的检测原理基本一样,通过仪器的传感器对样气检测,然后通过电路放大整理转换成对应的数值显示在屏幕上。可燃性气体检测常用催化燃烧型传感器,毒性气体检测常用电化学型传感器。扩散式与泵吸式气体检测仪的区别在于取样方式不同。

2. 按探测气体分类

(1)单管探测仪 One Channel Detector(图 5-10)

更为复杂、体积略大的探测器是单管探测器,带发光显示屏,可以显示测量到的气体水平。与一次性产品不同,这些装置可以进行维修而不会时常替换,它们带有可充电或可更换的电池,用户通常可以设置气体的警戒水平。它们还有一个重要特征,就是可以记录数据。这些记录下的气体水平可方便以后下载和审查,并且还能绘制出气体的长期水平波动图。

(2)多管探测仪 Multi-channel Detector(图 5-11)

图 5-10　单管探测仪　　　　　图 5-11　　多管探测仪

单个地方常常会存在多个潜在的危险。这种情况下,多管探测仪常被使用。这些仪器通过特有的阵列传感器可检测到四种气体,如使用特殊阵列传感器(地下工作)能探测到易燃的碳氢化合物、氧气、硫化氢和一氧化碳。其他类型的传感器也可被应用到这类装置中,因此这类装置大多数适合在封闭空间内使用。这种多功能气体探测器外形较大,能在较大的显示屏上显示出大量的气体数据,有时还能同时探测到所有管道的信息,以及与标度和结构相关的有用信息。

二、便携式气体检测仪的原理及使用方法

下面以 Pac Ⅲ型便携式气体检测仪,HS-87 型和 SP-114 型便携式硫化氢检测仪为例,介绍它们的原理及使用方法。

1. Pac Ⅲ型便携式气体检测仪

Pac Ⅲ型便携式气体检测仪示意图见图 5-12。

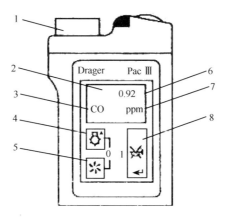

图 5-12　Pac Ⅲ型便携式气体检测仪示意图

1—传感器(探测软管外加直泵、过滤器)接口;2—显示屏;3—被测气体;4—照明灯键(向上换行、增加数字);5—向下换行键(减少数字);6—测量值;7—测量单位;8—开机键(确认、显示下一屏)

(1)技术性能

检测原理:电化学。

检测气体:有毒气体(H_2S、SO_2、CO)和氧气(需要更换不同的传感器)。

H_2S 检测范围:0~500 ppm。

指示方式:液晶显示。

报警方式:声光报警。预警是有规律间断的单音信号声,主警是有规律间断的双音信号声。

运行温度:-20~+55 ℃。

工作时间:碱性电源 600 h 以上,镍镉电源 200 h 以上,锂电源 1000 h 以上。

电源低电压报警:蜂鸣器发出连续声及显示特殊符号。

尺寸:67 mm(宽)×116 mm(高)×32 mm(厚)。

防爆级别:本质安全设计。

（2）使用方法

开机之前：按"照明灯/▲"键，显示仪器 ID（仪器号码）和传感器所检测的气体类型。

开机：按"↵"键，显示所检测的气体类型、浓度和测量单位。

关机：同时按"照明灯/▲"和"向下换行/▼"键至少 1 s。

报警：报警后按"↵"键确认报警（关闭报警）。

信息模式：按"↵"键显示下一屏。

菜单模式：按"↵"键 3 s 以上，显示菜单选项。

照明：按住"照明灯/▲"键，显示屏背景照明将开启 10 s。

日常应用菜单操作：按"↵"键翻页；按"照明灯/▲"和"向下换行/▼"键换行；"▲"光标指在字位上时，按"照明灯/▲"和"向下换行/▼"键加或减数字，按"↵"键右移光标或确认；选择并确认"ACCEPT"菜单行即确认所选数值，否则不接受已更改的数值。

（3）注意事项

①如果被测气体浓度超过最大测量范围，则显示"＋＋＋＋"；如果被测气体浓度未达到最小测量范围，则显示"－－－－"。

②应掌握各种报警信号和对应的显示符号。

③"更换电池指示"设置为 7.0 V，"电池无报警"设置为 6.2 V；电源低电压报警后，若是镍铬电源则还可运行 1 h，若是碱性电源包或锂电源包则还可运行 8 h；电池无电报警后，仪器将无法操作。

④若更换相同型号传感器，则仪器原有设置保持不变；否则，必须重新设置。

⑤不许在易爆危险地区更换传感器和电池；废传感器和电池应按特殊废品处理，不得随意丢弃。

2. HS-87 型便携式硫化氢检测仪

HS-87 型便携式硫化氢检测仪示意图见图 5-13。

（1）仪器特点和技术性能

①仪器特点

HS-87 型便携式硫化氢检测仪具有抗干扰的特点，见表 5-1。

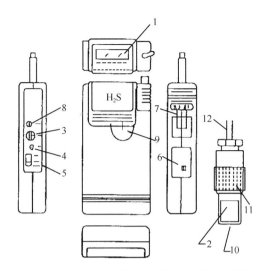

图 5-13　HS-87 型便携式硫化氢检测仪示意图

1—数字显示屏;2—硫化氢传感器;3—调零旋钮;4—量程旋钮;5—电源开关;6—外接蜂鸣器插座;7—拆卸传感器按钮;8—运行检查按钮;9—蜂鸣器;10—传感器罩;11—搭扣带;12—延长电缆

表 5-1　HS-87 型便携式硫化氢检测仪的抗干扰特点

影响气体	影响气体浓度	干扰读数
乙炔(C_2H_2)	100 ppm	2 ppm
丁烷(C_4H_{10})	200 ppm	无干扰
二氧化硫(SO_2)	21 ppm	1 ppm
二氧化氮(NO_2)	15 ppm	−1 ppm
氯气(Cl_2)	20 ppm	−1 ppm
甲烷(CH_4)	5%	无干扰
氧气(O_2)	99.9%	无干扰
二氧化碳(CO_2)	30%	无干扰
氢气(H_2)	600 ppm	1 ppm

②技术性能

检测原理:电化学,二电极传感器。

检测气体:空气中的硫化氢。

检测范围:基本范围 0～30.0 ppm;

提供范围 0～99.9 ppm。

指示方式:数字液晶显示 3 位;具有暗处自动照明功能。

检测误差:≤±5％F.S(在标准范围内连续使用)。注:F.S 指满量程)。

报警精度:优于±30％预置标准。

响应时间:90％以上在 20 s 内响应。

运行温度:－10～＋40 ℃。

电源:碱电池(标准)或镍—铬电池(任选)2 节。

报警设置及方法:报警预置点(10 ppm)——间歇声;

过量程报警(100 ppm)——持续声;

低电压报警——持续声;

蜂鸣器和报警灯属非制锁式。

连续使用:至少 250 h(无报警和照明情况下)。

尺寸:68 mm(宽)×112 mm(高)×25.6 mm(厚)。

质量:约 180 g。

防爆级别:本质安全设计。

(2)使用方法

①使用前的顺序检查

电源开关置"ON",检查电池电压。此时仪表读数低于 50 ppm,蜂鸣器持续报警时,表示电压过低,必须更换电池。

调整零点,检查传感器。用调零旋钮调整数字显示为 00.0,即在清洁空气中的读数,通过调零旋钮使读数从－00.0 慢慢调向(＋)向,直至显示 00.0,这样可使调整更准确。

②使用

电源正常,调零完成后仪器即可用于检测。当仪器检测硫化氢超过 99.9 ppm 时,读数将显示 1□□□,此时蜂鸣器将蜂鸣,二极管灯亮。出现这种过量程显示时,可将仪器带到清洁的空气中,使其读数自行恢复到 00.0。

当环境变暗时,该仪器的显示部位有自动照明功能;当环境嘈杂、难以听到仪器的蜂鸣声时,建议使用外接蜂鸣报警器。

(3)维护与注意事项

①校验

为了安全起见,建议每隔 2～3 个月校验一次仪器。进行使用前检查后,将仪器电源开关置"OFF",与校准设备连接后,再把电源开关置"ON",此时读数应为零。调节校准设备的标准气体阀门至中部,保持其流量,直至仪器读数稳定 1 min;用小螺丝刀调整仪器的量程旋钮,直至校准设备指示的标准气体的读数值。若达不到标准气体的浓度读数,表明传感器已老化,需要更换新的传感器(其有效寿命是 1~2 年,现场不能修复)。

②注意事项

- 由于该仪器采用电化学测试原理,因此不要将电池取下;
- 即使长时间不使用仪器,每隔一个月也应更换新电池或充电;
- 防止仪器进水、摔落,避免将仪器置于温度过高的地方。

3.SP-114 型便携式硫化氢检测仪

SP-114 型便携式硫化氢检测仪示意图见图 5-14。

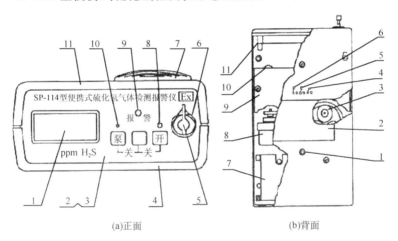

(a)正面　　　　　　　　　(b)背面

1—数字窗口;2—薄膜;3—面板;
4—后盖;5—气嘴帽;6—进气口;7—
过滤罩;8—开机指示灯;9—报警指示
灯;10—开泵指示灯;11—前盖

1—充电插孔;2—铭牌;3—传感器;
4—零点调整;5—增益调整;6—报警点
设置;7—电池盒;8—气泵;9—放大板;
10—蜂鸣器;11—显示板

图 5-14　SP-114 型便携式硫化氢检测仪

(1)工作原理

传感器应用了定电压电解法原理,其结构是在电解池内安置三个电极,即工作电极、对电极和参比电极,并施加以一定的极化电压,用薄膜同外部隔开,被测气体透过此膜到达工作电极,发生氧化还原反应。传感器此时将有一输出电源,此电流与硫化氢浓度成正比关系。这个电流信号经放大后,变换送至模/数转换器,将模拟量转换成数字量,然后通过液晶显示屏显示出来。

(2)仪器特点与技术性能

①仪器特点

该仪器在电路设计上采用了大规模数字集成电路和超微功耗元器件,因而体积小、重量轻,携带方便;独特的触摸按键开关大大增加了仪器的可靠性,操作简便;具有数字显示、声光报警、电源欠压报警的功能。此外,仪器自带吸气泵,可通过吸气管将被测气体吸入仪器内检测,或者通过仪器扩散口,在不开泵的情况下也可正常检测仪器周围气体中硫化氢的含量。该仪器为本质安全防爆结构,其防爆标志为 ia Ⅱ CT6。适用于橡胶、化肥、炼油、皮革等工业,以及暗渠、地下工程等建筑,各种反应塔、料仓、储藏室和车、船舱等地点。它是石油化工、化学工业、人防、市政、冶金、电力、交通、军工、矿山、环保等行业的必备仪器。

②技术性能

检测原理:电化学。

检测气体:空气中的硫化氢。

检测范围:0~200 ppm。

指示方式:3 位半数字液晶显示。

检测误差:≤±5%F.S。

报警设置:10 ppm(0~50 ppm 内可调)。

报警方式:蜂鸣器断续急促声音,报警指示灯闪亮。

报警误差:≤8%(与检测误差累加值)。

响应时间:90%以上在 30 s 内响应。

运行温度:-5~+45 ℃。

电源电压:408 V。

电源低电压报警:蜂鸣器发出连续声及显示"LOBAT"字样,报警指示灯连续发光。

连续使用:开泵≥4 h,扩散≥10 h。

吸气泵抽气量:≥0.5 L/min。

传感器寿命:≥2 年。

尺寸:200 mm(长)×140 mm(宽)×60 mm(厚)。

质量:约 820 g。

防爆级别:本质安全设计。

(3)使用方法

①开启电源

按下电源"开机"触摸键即可接通电源,此时电源指示灯发红光,仪器将有显示。

②检查电源电压

电源接通后或在仪器工作过程中,如果蜂鸣器发出连续声,同时液晶显示"LOBAT"字样,报警指示灯连续发光时,说明电源电压不足,应立即关机充电 14~16 h,充电必须在安全场所进行。

③零点校正

如果在新鲜清洁的空气中数字显示不为 000,则用螺丝刀调整调零电位器"Z1",使其显示为 000;如果达不到零点或数字跳动变化大,则说明传感器可能出现问题,应与厂家联系修理或更换。

④正常测试

开机并在空气中调节 000 显示后,即可进行正常测试。如果需要测试硫化氢含量而操作人员不能进入该区域,可将本机采样管接入吸气嘴,将采样管口伸到被测地点,按动"开泵"触摸键。开泵指示灯发出红光,此时测试的气体是从吸气嘴吸入的硫化氢。

⑤关泵及关机

用两个指头同时按下"开泵"及"关"触摸键,即可停泵;用两个手指同时按下"开机"及"关"触摸键,即可关机。

注意:两个手指应同时放开或先放开"开泵(开机)"按键,否则不能停泵或关机。

(4)注意事项

①该仪器为精密安全仪器,不能随意拆动,以免破坏防爆结构。

②充电时必须在没有爆炸性气体的安全场所进行。

③使用前应详细阅读使用说明书,严格遵守使用方法。

④在潮湿的环境中存放时应加放防潮袋。

⑤防止从高处跌落或受到剧烈振动。

⑥仪器长时间不用时也应定期对仪器进行充电处理(每月一次)。

⑦仪器使用完后应关闭电源开关。

⑧仪器校正电位器"S1"出厂时已标定好,不得随意调整。

⑨仪器的传感器必须每半年校验一次(参考说明书)。

(5)故障处理

SP-114 型便携式硫化氢检测仪常见故障及处理见表 5-2。

表 5-2 SP-114 型便携式硫化氢检测仪常见故障及处理

故障	原因	处理方法
对测试气体无反应	增益电位器(S1)调整偏低	重新标定
	传感器失效	更换传感器
零点不可调	电路故障	送修
	电池没电	充电
读数偏低	增益电位器(S1)调整偏低	重新标定
	传感器失效	更换传感器
读数偏高	增益电位器(S1)调整偏高	重新标定
	调零电位器(Z1)调整偏高	在纯净空气中调整 Z1 使显示为零
红色指示灯不亮	电池没电	充电
	电路故障	送修
报警鸣响不停	报警点设置不正确	重新设定
	传感器松脱	重新插接好
	电路故障	送修
	电池欠压	充电

三、硫化氢样气的现场存放管理

(1)储存于阴凉、干燥、通风良好及阳光无法直射的地方。

(2)最好于户外单独储存。

(3)储存须远离热、引燃源、不相容物、高压钢瓶及其他高压容器。

(4)使用接地的防爆型通风系统和电气设备,以免其成为引燃源。

(5)储存区使用抗腐蚀的建材、照明和通风系统。

(6)钢瓶垂直放置于防火地板,固定以免碰撞受损。

(7)保持钢瓶阀盖上;空瓶应标识,实瓶与空瓶分开储存。

(8)如有需要,考虑安装泄漏检测和报警系统。

(9)限制人员接近储存区,于适当处张贴警示标识。

(10)限量储存,储存区要与员工密集作业区分开。

(11)避免容器受损,并定期检查储桶有无缺陷,如有无破损或溢漏等。

(12)储存区附近须备随时可用的灭火及处理泄漏的紧急处理装备。

第三节 固定式硫化氢检测仪

现场需 24 h 连续监测硫化氢浓度时,应采用固定式硫化氢检测仪。这种检测仪主机一般多装于中央控制室(如总监或平台经理办公室等)。检测仪探头置于现场硫化氢易泄漏或聚集的区域,一旦探头接触硫化氢,它将通过连接线传到中央控制室,显示硫化氢浓度,并有声光报警。该检测器使用中,应随时校核,按说明书要求正确操作和维护保养(图 5-15)。

图 5-15 固定式电子检测仪示意图

下面,以 SP-1001 型固定式气体检测仪为例介绍它的原理和使用要求。SP-1001 型固定式气体检测仪主机外形采用 19 寸标准机箱,具有安装简便、操作方便等特点。控制电路采用先进的单片机技术,使整机智能化、工作稳定、测量精度高、通用性强。该仪器配有 8 个输入通道,主机以巡检方式工作,可设定两级报警值,并相应发出不同的声光报警信号。在仪器面板上设有 5 个功能键,用来进行参数设置、调整和功能控制。在仪器后面设有传感器探头接线端子、传感器电源保险丝座、整机电源输入以及整机电源保险丝座。在软件上,将常见 12 种气体的满度值等参数以数据库的形式固化在程序存储器内,用户可根据需要选定。

一、工作原理

该检测仪主机核心为大规模集成电路——单片机 8031,程序存储器存有仪器监控程序,数据存储器存放随时可改变的参数和采集来的数据,外部输入的 4~20 mA 电流信号经 I/U 电路变换为电压信号,经前级放大器输入给 A/D 转换电路,转换出来的数据存在数据缓冲区。数据处理程序对数据进行运算、判断和处理,并送到显示接口。显示电路由 1 片 8279 智能芯片及外围电路组成。数码管电路采用段控方式工作。状态指示灯采用扫描方式工作。机内直流稳压电源除供内部电路外,还可以给外部传感器提供直流 15 V、1.5 A 的电源。键盘采用有感触摸键。为了提高仪器的可靠性,在输入端加有保护电路,系统设有自动复位电路。硬件方框图见图 5-16。

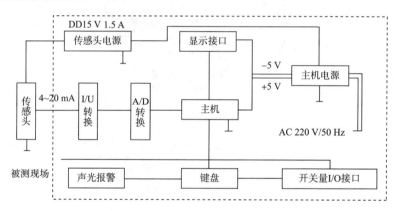

图 5-16　SP-1001 型固定式气体检测仪硬件方框图

二、技术性能

适用范围:测量多种气体浓度、温度、压力等 4~20 mA 标准信号。

工作方式:多路自动巡检。

巡检速度:8 通道/s。

测量精度:0.1%(0.1 ppm)。

显示功能:数码管显示 12 位(四种状态显示),每一通道显示时间为 3 s。

报警功能:声音报警。二级报警和一级报警发出的声音不同。

光报警:每一通道都有两级报警指示灯。

输出电源:直流 15 V、1.5 A(为传感器提供电源)。

整机电源:220 V,100 W,50 Hz(电流 1.5 A)。

扩展功能:8 通道开关量输出(交流 220 V,2 A;交流 380 V,2 A)。

外形尺寸:450 mm(长)×400 mm(宽)×180 mm(厚)。

质量:7.5 kg。

三、使用说明

1. 使用方法

(1)前级传感器的连接

前级传感器的连接端子在仪器后面板上,共三排。下面一排为地线,上面一排为+12 V(或+15 V)电源,其中一排为 4～20 mA 信号输入端,自左到右依次为 1～8 通道。该仪器可以与进口传感器和国产传感器连接。连接时应注意不要把线接错(进口的二线制探头的电源线接+12 V 或+15 V,信号线接本主机的 4～20 mA 信号输入端)。在每一通道传感器的电源回路中都设有一个熔断器(200 mA)。在通电前应注意检查熔断器中的保险管接触是否良好。

(2)开关量输出

仪器后面板上有两排接线端子,可控制交流 220 V、2 A 或交流 380 V、2 A 的负载。

(3)通电

①将随机配有的电源线一头插在仪器后面板的电源插座上,另一头插在接有地线的三相插座上。

②打开电源开关,前面板的电源指示灯亮,数码管和指示灯应有显示,表示通电后仪器工作正常,否则应立即关掉电源,查明故障原因。

③用电压表检查传感器电压(+12 V 或+15 V),如果没有电压,应检查对应通道的熔断器。

④通电后仪器自动进入巡检状态。在没有接通传感器探头时,仪器将显示"OP"状态。接入传感器探头并极化稳定后,仪器将显示现场被测气体数值。

2. 仪器前面板说明

仪器前面板示意图见图 5-17。

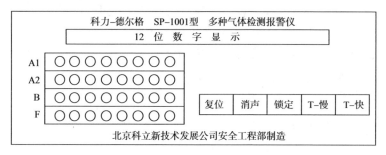

图 5-17　SP-1001 型固定气体检测报警仪前面板示意图

A1——一级报警指示；A2——二级报警指示；B——正常状态指示；F——故障状态指示

巡检状态下 12 位数字显示示意图见图 5-18。

图 5-18　SP-1001 型固定气体检测报警仪 12 位数字显示示意图

仪器前面板上有五个功能键。

(1)"T-快"键:快速时间调整键。

(2)"T-慢"键:慢速时间调整键。

(3)"锁定"键:仪器工作在巡检状态下时,按下"锁定"键,可固定观察某一通道。

(4)"消声"键:人为终止报警器鸣叫。

(5)"复位"键:功能等同于重新加电。

3. 设 置

(1)报警值的设定

在仪器前面板内侧的显示板上设有 4 支方形拨码盘,用于设置报警值,上方标有"Ⅰ"的两支为一级报警值设定拨码盘,标有"Ⅱ"的两支为二级报警值设定拨码盘。拨码盘示意图见图 5-19。

每个拨码盘上有 0~9 十个数字,拨码盘上的箭头指示的数字就是要设定的数字,每一级报警值由两支拨码盘设定。

图 5-19 拨码盘示意图

（2）功能选择拨动开关的设置

功能选择拨动开关为双列直插式 8 位拨动开关，与拨码盘装在一起。每一位都有两种状态，即"ON"和"OFF"。每一位代表一位二进制数，拨到"ON"表示"1"，拨到"OFF"表示"0"（图 5-20）。

8 位开关定义如下：1～4 位为量程选位；

5～7 位为点数选择；

8 位为开关量输出状态控制位。

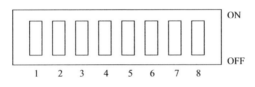

图 5-20 功能选择拨动开关示意图

4. 安装探头（图 5-21）

安装位置：一般安装在离可能泄漏硫化氢气体地点处 1 m 范围内，这样探头的实际反应速度比较快。否则，有可能出现探头处硫化氢气体浓度不超标，而泄漏点处局部气体已经超标，主机却不能报警的现象。探头不要放置于被化学或高湿度（如蒸汽）污染的地方，或者置放于振动筛上方有烟雾的地方。检测传感器至少应安装在方井、钻井液出口管口、接收罐和振动筛、钻井液循环罐、司钻或操作员位置、井场工作室、未列入进入限制空间计划的所有其他硫化氢可能聚集的区域。

图 5-21 固定式探头

安装方法：选择好安装位置后，可以将探头用螺丝固定到固定件上。

但要遵守一个原则:将传感器防雨罩的圆柱面指向地面。探头固定好,用专配的内六角扳手将探头的上盖卸下,将探头的三芯传输电缆从壳体的喇叭形进线口插入,电缆应用三芯屏蔽软线。

将电缆从壳体的进线口穿入,把电缆的三根导线按标记1、2、3分别接到电路板的相应接线端子上。检查连接牢固后,先将壳体的密封盖上好并拧紧,最后再将喇叭口拧紧,使电缆线固定。

5. 主机的安装

(1)一般将主机安放到有人坚守的值班室内,如司钻房、高级队长办公室、中央控制室等。

(2)将连接电缆(导线截面积≥1 mm²)按探头最终安装位置与主机走线距离准备好。在有些情况下电缆线需要多次连接才能达到所需长度,每个接头处必须十分仔细地焊接牢固并采取防水措施后才能使用。

(3)将电缆线与主机所附的航空插头的1、2、3号接头焊牢并分别套上绝缘套管,将插头插到主机的航空插座上;电缆线另一端的三根端子上分别做好对应1、2、3号接头的标记后,与探头的三根引线相连接。

(4)上述(1)~(3)检查无误后,接通电源对传感器进行极化(一般需要5~24 h)。

6. 零点调节

经极化稳定后,在现场没有被检测气体的情况下,将探头顶盖打开,调节调零电位器"Z",使主机显示为"000",并测量探头输出信号应为+(400±5) mV。

7. 探头校正

探头一般每年校正一次(说明书要求与此时间不一致时,按说明书要求校正)。将已知浓度的标准硫化氢气体(10 ppm),通过流量计控制在300 mL/min,再通过导管与附带的标气罩连接,将标气罩套在探头防虫网上通气1 min后,探头输出稳定,通过调节"S"(顺时针调节输出变大,逆时针变小)使主机的显示值与气体标准值相同,调节好输出稳定后,可以停气,然后在纯空气环境中观察探头能否回到零点,检查无误,再重复一次没有问题后,标定结束。

四、使用、维护及注意事项

(1)硫化氢检测仪属于精密安全仪器,不能随意拆动,以免破坏防爆结构。

（2）每月校准一次零点。

（3）保护好防爆部件的隔爆面，不得使其有损伤。

（4）为保证传感器探头的检测精度，用户应根据要求定期标定（具体时间按说明书要求进行）。

（5）经常或定期清洗探头的防雨罩，用压缩空气吹扫防虫网，防止堵塞。

（6）在通电情况下严禁拆卸探头。

（7）在更换保险管时要关闭电源。

第六章　呼吸保护设备

在石油勘探开发、石油炼制、清洗输油管道、疏通下水道等作业过程中，为防止吸入有毒、有害物质必须装备有效的呼吸保护设备。

呼吸保护设备分为过滤式和隔离式两大类。呼吸保护设备的配备原则是在硫化氢超标的环境中应使用正压式或供气式带全面罩的呼吸设备。常用的硫化氢防护的呼吸保护设备有便携式正压空气呼吸器、逃生呼吸器等。

第一节　正压式空气呼吸器

当环境空气中硫化氢浓度超过 $30\ mg/m^3$（20 ppm）时，工作人员必须佩戴便携式正压空气呼吸器。正压式空气呼吸器能给工作人员提供一个安全呼吸的环境，其有效供气时间应大于 30 min。正压式空气呼吸器对于一个在硫化氢潜在的环境中工作的人员是必不可少的，所以掌握空气呼吸器的正确使用方法是非常必要的。双密封的面罩呼吸器可以应对任何大气状况。

一、正压式空气呼吸器的主要结构和原理

下面以巴固公司生产的 C900 系列便携式正压空气呼吸器为例，介绍呼吸器的应用。

1. C900 系列便携式正压空气呼吸器的主要结构

C900 系列便携式正压空气呼吸器包括：储存压缩空气的气瓶、支承气瓶和减压阀的背托架、安装在背托架上的减压阀、面罩和安装于面罩上

的供气阀(图 6-1)。

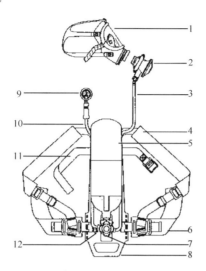

图 6-1　C900 系列便携式正压空气呼吸器结构示意图

1—面具;2—供气阀;3—中压管;4—背带;5—气瓶;6—腰带;7—瓶阀接头;8—背板;

9—压力表;10—高压/中压管;11—气瓶固定带;12—减压阀

(1)面罩(图 6-2)

面罩包括用来罩住脸部的面窗组件和用来固定面窗的头部束带等。面窗组件由面窗、面窗密封圈、口鼻罩和传声器组件。口鼻罩上有两个吸气阀。

使用时面窗组件与脸部、额头贴合良好,使佩戴者的脸部、额头既不会感到压迫疼痛,又能使脸部的眼、鼻、口与周围环境大气有效地完全隔绝。

面罩上的传声器能为佩戴者提供有效的通讯。

束带可调节面罩与脸部之间保持良好密封。

图 6-2　呼吸器面罩
结构示意图

(2)供气阀(图 6-3)

供气阀直接安装于面罩上并由一根胶管通过快速接头连接到减压阀的中压管上。供气阀的出气口外形呈凸形,配有环行垫圈,使供气阀与面罩连接后保持良好密封。供气阀在流量高达 450 L/min 时,面罩内压力仍保持大于环境压力,以满足使用者的供气需要。

供气阀顶部有一个红色按钮,当使用者的呼吸出现障碍时,按下此钮供气阀会自动增大供气量至 450 L/min。

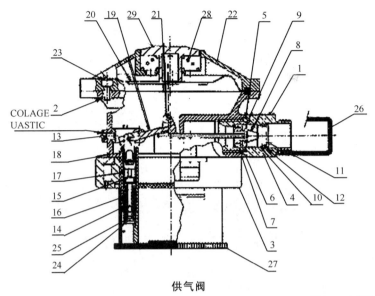

供气阀

序号	名称	序号	名称
1	阀座	16	调压弹簧
2	紧固螺母	17	螺杆弹簧
3	装卸扣	18	拉杆
4	阀体	19	杠杆
5	O 形圈	20	碟膜
6	阀座	21	销管
7	O 形圈	22	阀体盖
8	阀门	23	紧固螺丝
9	阀门护圈	24	导向套
10	阀门弹簧	25	固定螺丝
11	滤网	26	螺纹套
12	卡簧	27	保护盖
13	定位螺钉	28	弹簧
14	螺杆套	29	按钮(强制供气阀)
15	压力调节螺杆		

图 6-3　供气阀结构示意图

（3）气瓶总成（图 6-4）

气瓶总成由气瓶和气瓶阀组成。气瓶里充的是压缩空气,气瓶阀上装有安全膜片,可在气瓶内压力过高时自动卸压,防止由于气瓶压力过高引起气瓶爆裂,从而避免使用人员的伤亡。

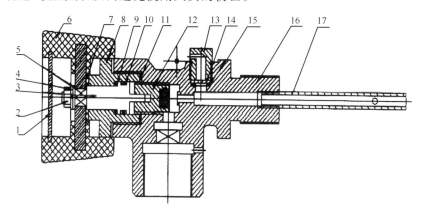

图 6-4 气瓶总成结构示意图

1—手轮盖;2—六角锁紧螺母;3—瓶阀开启杆;4—弹簧垫圈;5—垫圈;6—手轮;7—垫圈;8—螺母盖;9—垫圈;10—O 形圈;11—密封垫圈;12—瓶阀螺塞;13—安全螺塞;14—安全膜片;15—垫圈;16—气瓶阀体;17—通气管

C900 系列便携式正压空气呼吸器的额定工作压力为 30 MPa,所配备的气瓶是容积从 2~9 L 的碳纤维复合气瓶。碳纤维复合气瓶是在铝合金内胆外用碳纤维和玻璃纤维等高强度纤维缠绕制成的。它与钢制气瓶相比具有重量轻、储气量大、耐腐蚀、安全性能好和使用寿命长等优点,使佩戴者在使用过程中降低其体力消耗,提高工作能力。

（4）减压阀（图 6-5）

减压器安装在背架上,包括一个用以连接气瓶总成的手轮、一个连接到肩部的压力表、一个中压安全阀、一个向供气阀供气的中压管和一个报警哨。供气阀连接的中压管上有一快速接头,可快速将供气阀与减压器连接或拆开。

（5）背托架（图 6-6）

背托架的作用是支撑安装气瓶总成和减压器,包括背架、肩带、腰带和固定气瓶的瓶箍带。瓶箍带上装有瓶箍卡扣,用以锁紧气瓶。

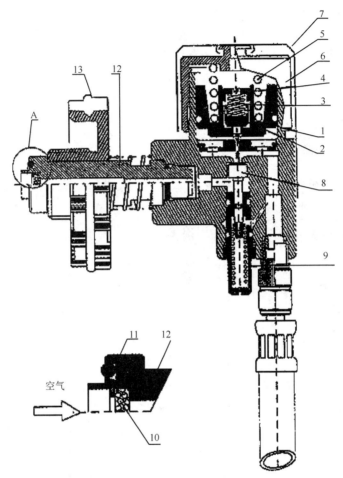

减压阀

序号	名称	序号	名称
1	活塞	8	阀芯
2	导向推块	9	阀芯弹簧
3	安全阀弹簧	10	过滤器
4	调节螺塞	11	O型圈
5	中压弹簧	12	高压接口
6	中压螺母	13	手轮
7	密封盖		

图 6-5　减压阀结构示意图

图 6-6　背托架结构示意图

2. 工作原理

使用时打开气瓶阀,充装在气瓶内的高压空气经减压阀减压,输出 0.7 MPa 的中压气体,经中压管送至供气阀。吸气时供气阀自动开启,供使用者吸气。呼气时,供气阀关闭,呼气阀打开呼出体外。在一个呼吸循环过程中,面罩上的呼气阀和口鼻罩上的单向阀门都为单方向开启,所以整个气流是沿着一个方向,构成一个完整的呼吸循环过程。

二、正压式空气呼吸的使用

正压式空气呼吸器是一种高性能高质量呼吸防护装具,如图 6-7 所示的仪器。使用之前,必须对使用人员和维护保养人员进行充分的培训。正确地操作使用和维护保养,直接影响呼吸器防护的有效性,关系到使用者的生命安全。没有经过充分培训而对空气呼吸器进行不正确使用,可能会由于使用不当造成呼吸器防护性能下降甚至失败,从而造成人员伤害或死亡。

1. 使用前的检查

(1)目检

检查全面罩面窗是否清洁,有无划痕、裂纹,面窗橡胶密封垫有无灰尘、断裂等影响密封性能的因素存在。检查面罩束带是否断裂、连接处是否有松动。

(2)气瓶压力检查

打开气瓶阀,观察压力表,压力表读数应在 28～30 MPa 之间,即指针应位于压力表的绿色范围内,如低于该压力,则应对气瓶进行充气,特殊情况下也不得低于 12 MPa,否则,不能进入毒气区域。

凯夫拉头带　舒适超强阻燃

CCCF 消防认证

NEW

全进口压供阀 即取即合

智可视 压力时时可视

三通接口 救援随时待命

智米特 信号实时传输

安全　耐用　可靠

图 6-7　MSA-AG2100 智能空气呼吸器

(3)系统泄漏检查

打开气瓶阀,观察压力表,待压力表指针稳定下来后关闭气瓶阀,继续观察压力表在 1 min 之内,压力表指针下降应小于 0.5 MPa。如超过该泄漏指标,则应马上停止使用该呼吸器,待整机检修完毕后才能使用。

(4)报警器报警压力检查

打开气瓶阀,关闭气瓶阀,观察压力表,然后缓慢打开冲泄阀,注意压力表指针下降至 5±0.5 MPa 时,报警器是否开始报警,报警声响是否响亮。

(5)面罩气密性能的检查

佩戴面罩:调整面罩位置,收紧宽紧带,用一只手掌捂住面罩与供气阀连接处,深吸一口气,感觉是否有泄漏,如有泄漏,应调整佩戴位置后再试一次,再有泄漏,则应更换面罩,作好标记后送检。

注意:使用面罩时不能保留胡须,头发和胡须压在密封胶上,均会破坏面罩的密封性能。假如你的面部胡须已经剃干净,而且头套也戴得正确,那么面罩的密封性会很好。使用面罩期间不要戴眼镜,因为面罩的密封要从面部两侧的太阳穴处经过,除非特殊的眼镜,否则眼镜很难在面罩中固定。

区分脸型来选择面罩也能提高其密封性,所以,穿戴者最好事先在安全的环境中做一些合适的试验,以选择适当的面罩。

(6)呼吸性能检查

面罩气密性能检查合格后,可将供气阀与面罩连接好,关闭供气阀上的冲泄阀,深呼吸数次,呼吸应感觉舒畅,然后按下供气阀上橡胶罩杠杆开关2次,开关应灵活,供气阀应能正常打开。

2. 空气呼吸器的佩戴使用

(1)双手反向抓起肩带,将装具甩到背后穿在身上,向下拉紧肩带。收紧腰带,扣上腰扣。

(2)完全打开瓶阀,然后回关1/4圈。

(3)将面罩由下而上套入头部,拉紧束带,由上至下调紧(不要太紧),手掌捂住面罩口,深呼吸如感到无法呼吸,则说明密封良好,然后将供气阀插入面罩口(听到咔嚓一声即可)。

注意事项:

①必须正确佩戴面罩以确保有效的保护效果。蓄有胡须和戴眼镜等面部有很深疤痕以至在佩戴时无法保证面罩气密性的人不得使用此呼吸保护装置。

②建议在装好供气阀后由他人检查一下是否正确连接。检查快速接口的两个按钮是否正确连接在面罩上。

③呼吸器使用过程中,随时注意观察压力表。当气瓶压力低于5 ± 0.5 MPa时,报警器开始鸣叫,将持续至气瓶内的空气被完全排出耗尽。

3. 维护保养

(1)检查设备是否有机械损伤。

(2)每次使用后,设备上的部件应该用温水和中性清洁剂进行清洗。束带可以从背架上完全卸下进行洗涤消毒,洗涤时必须遵守清洗剂的浓度要求和使用时间限制。要求清洗剂不含任何腐蚀成分。

（3）在对呼吸保护装置消毒、清洗后所有装置必须在 5～30 ℃之间进行自然干燥，不要接触任何热辐射源，如阳光暴晒、火炉、任何加热装置等。

（4）在每次清洗、消毒后都必须重新检验其各项功能指标。

（5）将呼吸器储存在干燥低温的环境中，避免阳光直射。将气瓶充气，装箱以备下次使用。

4. 正压式空气呼吸装置的使用时间计算

$$t = 10pV/q$$

式中　　t——使用时间，单位为分(min)；

　　　　V——气瓶容积，单位为升(L)；

　　　　p——气瓶压力，单位为兆帕(MPa)；

　　　　q——空气消耗量，单位为升每分(L/min)（从事劳动强度与身体消耗空气量见表 6-1）。

表 6-1　劳动强度与消耗空气量比值

劳动强度	消耗空气量/(L/min)
极低强度	15～20
低强度	21～30
中强度	31～40
高强度	41～50
极高强度	51～80

第二节　工作呼吸器

工作呼吸器也称为便携式空气呼吸器。在毒气区域作业中常与长管呼吸器配合使用。长管呼吸器(图 6-8)通过一条长软管与固定的大空气气瓶连接供气，开关就安装在面具使用者身上，它的优点是使用者的负重比自持式呼吸器轻，使用时间长，可供一人或多人同时使用，但使用者的活动范围受软管长度的限制，而且当进入毒气区后软管迫使使用者从原来进入的路线返回，使用这种呼吸器必须要带一个便携式空气呼吸器(图 6-9)，紧急情况下拔掉供气软管利用便携式空气瓶内的应急气逃离毒气区。

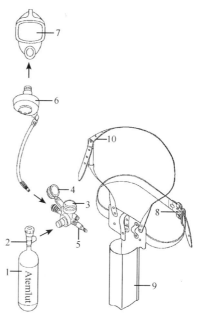

图 6-8　长管呼吸器

图 6-9　便携式空气呼吸器示意图

1—压缩气瓶；2—气瓶阀；3—减压阀；

4—压力表；5—快速接头；6—供气阀；

7—全面罩；8—腰带；9—气瓶袋；10—肩带

一、工作原理

便携式空气呼吸器的工作原理与正压式空气呼吸器的原理相同，不同之处在于两者的气瓶容积不一样。正压式空气呼吸器的气瓶容积为9 L，而便携式空气呼吸器的气瓶容积只有 2 L，所以它们的使用时间也不一样。便携式空气呼吸器和逃生式空气呼吸器的使用时间大致相同，但区别在于使用的场所不一样，便携式空气呼吸器采用正压式全面罩设计，可以在任何恶劣的呼吸环境中使用，而逃生式空气呼吸则不能在不利于呼吸的环境中使用。

二、使用方法

便携式空气呼吸器的使用方法和正压式空气呼吸器的使用方法是一

致的。当作业人员佩戴便携式空气呼吸器进入毒气区域时,用快速接头与气站(或长软管)上的快速接头相连接。连接上以后,关闭气瓶阀开关。作业完成以后,先打开气瓶开关,再拔掉快速接头,迅速撤离毒气区域。

第三节　逃生呼吸器(EBA)

本节以 MSA Custom Air V 逃生呼吸器(图 6-10)为例,介绍逃生呼吸器的检查、穿戴、脱卸等。

这套装置可以佩戴在胸、胯、腰,储存在任何地方,可以在风险不明的情况下使用。头套被设计成呼吸空气的储存处,而不只是有飞溅保护、防火耐高温的头套。

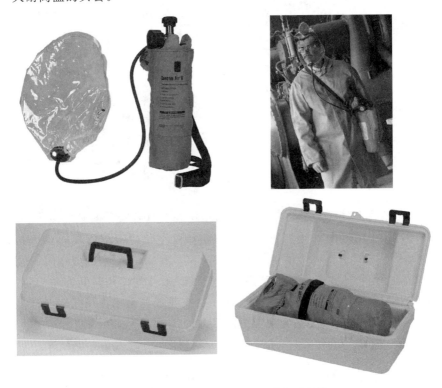

图 6-10　MSA Custom Air V 逃生呼吸器

一、开箱检查

收到这套装置时,检查其是否有运输损坏,部件是否齐全和准确,同时检查气瓶的压力表读数是否满量程。

10 min——3000 psi 室温 21 ℃。

5 min——2216 psi 室温 21 ℃。

二、穿戴呼吸器头套的方式

穿戴气瓶和背架有三种方式:胸挎方式、髋挎方式、腰挎方式。

1. 胸挎方式(图 6-11)

(1)检查带子的扣环是否牢固。

(2)调节带子的长度是否套过头部。

(3)拿住带子套过头部后放在颈部。

2. 髋挎方式(图 6-12)

(1)调节带子到足够长。

(2)检查和系紧带子的扣环。

(3)拿住带子套过头部和一个手臂安放在肩部。

图 6-11　胸挎方式

图 6-12　髋挎方式

3. 腰挎方式(图 6-13)

(1)把套袋的扣环调到套子的上部。

(2)卸下扣环把带子调节到最长。

(3)调节带子到合适位置固定。

（4）系上套子的扣环,调整带子到腰部。

图 6-13　腰挎方式

三、佩戴呼吸器的头套

（1）打开气瓶上的阀门(逆时针打开一圈半)(图 6-14)。

（2）揭开袋口,抓住头套能听见空气在头套里面充气的声音。

（3）低头用双手把头套套住头部,软管的调节器置于身体前面(图 6-15)。

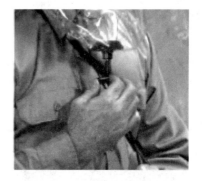

图 6-14　打开气瓶上的阀门　　　　图 6-15　调整软管调节器

注意:拉住头套里有弹性的细绳套住你的颈部,调节细绳的弹性,使其既舒适又能封住泄漏。

（4）确保头套里面没有衣服和头发在颈部,保持好的密封效果。

（5）立刻撤离到安全的环境。

注意:这套装置的供气量不超过 5 min 或 10 min,请不要在危险的环境中停留,立即离开并回到安全的环境。当充气声越来越小时,必须及时取下头套,因为头套将变得软绵绵,人体会由于窒息而受到伤害。

四、取下呼吸器头套

(1)双手拿住呼吸器头套有弹性的细绳,取下头套(图 6-16)。

图 6-16　取下呼吸器头套

(2)关闭气瓶的出口阀。
(3)取下戴在肩部的带子(假如用户佩戴方式是腰挎方式)。

第七章 硫化氢防护应急管理与应急演习

由于硫化氢气体具有剧毒性等特点,所以在进入含硫化氢地区作业前应做好应急管理工作,制定一个切实可行、有效的应急预案,这是保证作业安全进行的前提。一旦作业区内硫化氢气体超标,应急预案将能够控制事故的扩大,降低事故后果的严重程度,保证相关人员的生命安全。

第一节 硫化氢安全防护应急管理

一、应急管理的基本要求

(1)事故应急处理是一项科学性很强的工作,制定预案必须以科学的态度,在全面调查的基础上,实行领导与专家相结合的方式,开展科学分析和论证,制定出严密、统一、完整的事故应急预案,使事故预案真正具有科学性。

(2)应急预案应符合当地的客观情况,便于操作,起到准确、迅速控制事故的作用。

(3)预案中除考虑防硫化氢的要求外,还应考虑二氧化硫达到一定浓度可能产生的危害和影响的区域。

(4)应急管理中还应充分考虑周围居民和公众的利益。

(5)各公司要建立三级应急管理体系:总公司级、油田企业级和施工单位级。

(6)制定预案前应对作业区内可能涉及范围的环境、人员、设施进行调查。

(7)应急预案制定或修订后,应经本级安全生产第一责任人审批执行,并报上一级部门批准后才能实施,并到相应的部门备案,保证预案具有一定的权威性和法律保障。

二、应急管理的过程

应急管理是对重大事故的全过程管理,贯穿于事故发生前、中、后的各个阶段,充分体现了"预防为主,常备不懈"的应急思想。它是一个动态的循环过程,包括预防、准备、响应和恢复四个阶段。

1. 预防

在应急管理中预防有两层含义,一是事故的预防工作,即通过安全管理和安全技术等手段,来尽可能地防止事故的发生,实现本质安全;二是在假定事故必然发生的前提下,通过预先采取的预防措施,来达到降低或减缓事故的影响或后果的严重程度。

2. 准备

应急准备是应急管理过程中一个极其关键的过程,它是针对可能发生的事故,为迅速有效地开展应急行动而预先所做的各种准备,包括应急体系的建立、有关部门和人员职责的落实、预案的编制、应急队伍的建设、应急设备(施)与物资的准备和维护、预案的演习、与外部应急力量的衔接等,其目标是保持重大事故应急救援所需的应急能力。

3. 响应

应急响应是在事故发生后立即采取的应急与救援行动,包括事故的报警与通报、人员的紧急疏散、急救与医疗、消防和工程抢险措施、信息收集与应急决策及外部求援等,其目标是尽可能地抢救受害人员、保护可能受危害的人群,尽可能控制并消除事故。

4. 恢复

恢复工作应在事故发生后立即进行,它首先使事故影响区域恢复到相对安全的基本状态,然后逐步恢复到正常状态。要求立即进行的恢复工作包括事故损失评估、原因调查、清理废墟等。

三、应急预案的基本内容

应急预案应包括但不限于以下内容:

(1)应急组织机构。

(2)应急岗位职责。

(3)现场监测制度。

(4)应急程序,包括报告程序、井口控制程序、人员救护程序、人员撤离程序、点火程序等。

(5)应急联系通讯表,涵盖以下三个方面:

①应急服务机构;

②政府机构和联系部门;

③生产经营单位和承包商。

(6)周边公众警示和撤离计划,包含下面的信息:

①公众警示要点;

②区域平面图和联络框图;

③硫化氢可能泄漏区域附近所有居民、学校、商业区的标示号码、所在位置及电话号码,以及道路、铁路、厂矿的位置,并注明撤离线路;

④当附近地区硫化氢浓度可能达到 75 mg/m³(50 ppm)时,对附近居民进行撤离。

(7)预案的培训与演练。

(8)预先通知危险区内居民的内容,包括以下方面:

①硫化氢的危险与特点;

②应急反应方案的必要性;

③硫化氢可能的来源;

④紧急情况通知给公众的方式;

⑤紧急情况发生时所应采取的步骤。

四、应急预案示例

(一)海上石油钻井设施应急预案

当现场发现硫化氢浓度超标后,现场应立即启动硫化氢应急预案。按应急程序进行响应,如湛江分公司硫化氢应急处理流程图(图7-1)。

在应急预案中,对各个岗位的职责都有详细的描述,下面是对应急指挥中心和现场人员的主要职责描述。

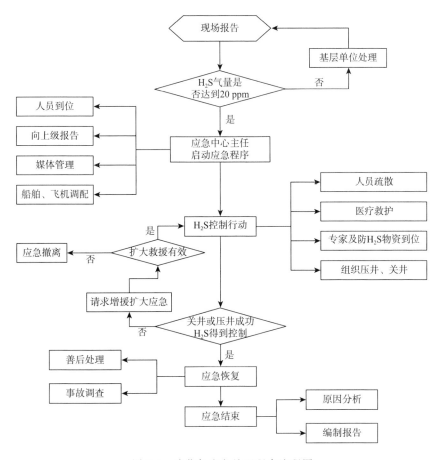

图7-1 硫化氢应急处理程序流程图

1. 应急指挥中心职责

(1)应急指挥中心值班室

①值班室接到现场报告后,立即向应急指挥中心主任报告。

②保证通讯畅通,随时与事故现场联系,做好上传下达工作。

③做好记录,按照上级指示合理调动各种应急资源。

④按照要求向总公司应急协调办公室值班室/总值班室报告。

(2)应急指挥中心主任(副主任)

①应急指挥中心副主任协助应急指挥中心主任开展应急管理工作,应急指挥中心主任不在时代替其执行职责。

②接到值班室报告后,应立即问清楚现场 H_2S 浓度,如果浓度<20 ppm,应告知现场自行按照基层应急预案进行应急处理,并立即到应急值班室了解具体情况,进行应急前的准备工作。

③立即向应急领导小组组长报告,当 H_2S 浓度≥20 ppm 时,建议立即启动应急指挥系统。

④按照应急领导小组组长的指令,协调各种应急资源进行应急处理。

⑤按照应急领导小组组长的指令通知应急指挥中心人员到位。

⑥按照应急领导小组组长的指令向总公司应急协调办公室报告。

(3)应急领导小组组长(副组长)

①应急领导小组副组长协助应急领导小组组长开展应急管理工作,应急领导小组组长不在时候代替其执行职责。

②宣布启动应急指挥系统,有关人员到位,进入应急状态。

③组织相关专家讨论方案,商定应急决策。

④查询是否有人员伤亡,安排人员救助和通知医院医护人员出海实施抢救。

⑤向现场提供防硫化氢的技术指导和方案,必要时派出抢险救援小组及专家赴现场。

⑥根据现场要求,及时提供硫化氢消除剂、防毒面具等各种应急物资。

⑦根据现场需要,协调外部应急资源进行救援。

⑧指令作业者和有关单位准备抢险队伍和消防、救生、防毒、生活等物资。

⑨告知员工,未得到授权的人员不得随意接受媒体的采访,也不得随意传信传闻。同时要妥善安排媒体应对工作,以免引起负面影响。

⑩指令相关人员向总公司应急协调办公室报告。

⑪根据总公司应急委员会主任的指令向政府部门报告。

⑫防硫化氢应急处理工作全部结束后,下达解除应急状态命令。

(4)秘书组

①根据应急指挥中心主任的指示做好相关工作。

②协助应急指挥中心对应急事件发生的各种情况进行记录。

③起草上报总公司、相关政府部门的汇报材料和相关报告和简报。

（5）后勤保障组

①负责公司级应急相关的后勤保障（包括交通、食宿等）工作、负责伤亡人员的家属接待。

②维护公司机关正常工作环境和秩序。

③发生涉外人员事件时，办理相关联络工作；进行应急过程的后勤保障。

④根据总公司的授权和应急指挥中心的指示，对外发布相关信息。

（6）资金保障组

①负责公司级应急相应的所需资金，落实应急启动后的人员、食宿费用。

②分析财务风险和应对策略。

③处理有关人身及财产保险和理赔事务；确定突发事件是否在公司保险范围内；对于保险范围内事件，按照保险合同和相关要求向保险公司递交出险通知书。

④对急需的应急物资进行紧急采办。

（7）技术组

①负责为应急指挥中心提供业务咨询、决策建议、技术支持等工作。

②对应急事件进行分析、研判，评估事件的发展趋势。

③根据应急指挥中心的指示，参加应急事件全过程的应对工作，提供决策建议。

④根据应急指挥中心的指示，参与组织生产抢险、抢救等工作，协助应急指挥中心的其他工作。

⑤向应急指挥中心提供设施基础资料。

⑥技术组组长由出现硫化氢的作业单位担任，应急指挥中心邀请专业医疗机构人员和其他部门提供支持。

2. 现场人员主要工作职责（以下内容供现场参考使用）

（1）作业者现场负责人

①作业者现场负责人对现场全体人员的生命安全、对井和设备的安全负责任，在防硫化氢应急处理过程中担任现场应急小组组长职务。

②全面负责现场应急指挥工作，确保防硫化氢程序、硫化氢应急处理方案和应急指挥中心的指令得到执行。

③确保通知附近所有船只和直升机。

④向应急指挥中心值班室报告现场情况。

⑤向陆地主管领导汇报现场情况。

⑥安排人员始终监视空气中硫化氢的含量。

⑦确保所有作业现场人员及危险区有关人员佩戴呼吸器。

⑧根据井下情况,采取相应措施,必要时指示关井、注水泥塞封井,下桥塞封堵或关闭防喷器。

⑨当硫化氢外溢无法控制时,下达撤离命令。

⑩硫化氢危险消除后,检查作业现场所有区域及设备是否残留硫化氢气体,确定现场安全后,宣布解除危险通知。

⑪记录事件的经过。

(2)主承包商现场负责人

①主承包商现场负责人在防硫化氢应急处理过程中,应积极配合现场应急小组组长做好具体组织工作,是现场应急小组副组长。

②告诫全体人员危险情况的存在。

③确保不间断地监视天气的变化。

④指令有关人员关闭舱室门、舷窗和通风孔。

⑤通知所有非必须人员到安全地点集合。

⑥指示报务员保证通讯通畅。

⑦通知守护船待命或救援。

⑧通知现场医生根据伤员状况抢救治疗。

⑨硫化氢危险解除后,通知并组织有关人员返回工作岗位。

⑩有直升机飞行时,做好接送机准备工作。

⑪记录事件的经过。

(3)队长、司钻、钻工

①发现硫化氢,立即报告作业者现场负责人和控制室。

②按指示佩戴呼吸器。

③按照作业者现场负责人的指令工作。

(4)钻井液录井人员、钻井液工程师

①发现硫化氢,立即报告作业者现场负责人,测量其含量。

②按指示佩戴呼吸器。

③不间断地记录硫化氢的含量。

④根据作业者现场负责人指令制定钻井液处理方案。

⑤根据需要迅速做好钻井液处理工作。

（5）守护船船长

①随时保持与作业现场的联系，注意观察作业现场的情况。

②需要时，全力以赴施救。

③做好撤离的准备工作。

（6）医生

①监督现场人员佩戴呼吸器。

②准备好防硫化氢中毒的药品。

③确定伤病员状况，进行抢救治疗。

④确定是否需要医疗援助和伤员是否需要撤离。

（7）报务员

①根据现场应急小组组长的指令，立即向全体人员通报险情，传达救助命令。

②通知守护船到作业现场的上风向待命或施救。

③坚守岗位，保持与应急指挥中心的联系。

④有直升机飞行时，准确报告天气情况，保持与直升机联络，向主承包商现场负责人提供直升机到达时间。

⑤做好记录。

（8）全体人员

①保持警惕，不要盲目地依赖硫化氢报警系统。

②一经觉察到有硫化氢气体，立即报告作业者现场负责人。

③按指示佩戴呼吸器。

④根据统一部署，积极参加救助工作。

⑤迅速到指定地点集合待命。

⑥一旦决定弃船，不要慌乱，按应急部署有秩序地撤离。

（二）滩海、人工岛石油钻井设施应急预案

1. 组织机构

在滩海开发公司应急领导小组的统一领导下，滩海开发公司成立天然气、硫化氢严重泄漏事件现场应急处置指挥部（以下简称指挥部）。

指　挥：滩海开发公司负责生产运行工作的副经理

副指挥：滩海开发公司经理助理和安全环保科主要负责人

成　员：安全环保科、生产运行科、事件单位等相关部门、单位负责人指挥外出时,副指挥依次担任指挥职务,行使指挥职责,指挥部其他成员外出或遇有特殊情况时,由所在部门(单位)负责人递补。

指挥部下设方案组、检测组、抢险组、保卫组和后勤保障组五个现场工作组。其中:

(1)方案组:组长由滩海开发公司生产运行科主要负责人兼任,成员由指挥部有关人员及相关专业技术人员组成。

(2)检测组:组长由安全环保科主要负责人兼任,成员由事发单位安全主管人员、现场安全监督组成。

(3)抢险组:组长由事发单位主要负责人兼任,成员由事发单位主管技术、安全、环保人员及滩海生产综合应急抢险队组成。

(4)保卫组:组长由保卫科主要负责人担任,成员由保卫科相关人员组成。

(5)后勤保障组:组长由综合服务部主管领导担任,成员由物资装备部有关人员组成。

2.主要职责

(1)指挥部在滩海开发公司应急领导小组授权下,负责行使现场应急指挥、协调、处置等职责。

(2)方案组负责应急救援方案的组织制定并参与实施,负责指挥部交办的其他任务。

(3)检测组负责划定预防中毒危险区域;负责对事发现场及周边环境进行有毒、有害气体浓度检测;负责及时报告有毒、有害气体浓度检测结果。

(4)抢险组负责按照方案实施具体的抢险救援行动;及时报告抢险过程进展情况;有责任根据险情变化情况提出新的应急措施建议;有责任相互提示并保护其他抢险人员。

(5)保卫组负责事件现场周围的警戒和保护,必要时与属地公安部门进行协调,协助现场警戒和人员疏散。

(6)后勤保障组负责抢救事发现场受伤人员;负责根据现场应急需求调集和输送救援物资;负责协调地方公安部门对事件现场进行警戒和保护;需要时为现场抢险、救援及疏散转移人员提供饮食和临时住所。

3.应急响应

(1)预警

①对天然气、硫化氢严重泄漏突发事件实行预警报告制度,各作业现

场在实施初期处置的同时,现场人员立即报告所在基层单位主要负责人,同时立即报告滩海开发公司应急办公室。

②发生Ⅰ级、Ⅱ级险情事件,所属单位应急办公室立即报告油田公司应急办公室。

(2)信息报告

①应急报告程序

天然气、硫化氢严重泄漏突发事件应急报告流程图如图7-2所示。

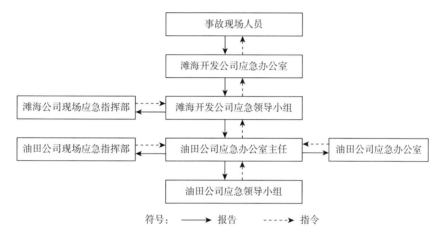

符号：　——→　报告　-----→　指令

图7-2　天然气、硫化氢泄漏突发事件应急报告流程图

情况紧急时,各级应急办公室可采取非正常程序报告或传达指令。

②应急报告内容

应急报告内容应包括但不限于以下内容:发生事件的时间、事件类型、人员伤亡程度、事件发生地点;事件发生的直接原因;周边居民、厂矿等分布情况;道路交通状况;现场应急人员、应急设备、器具到位情况,应急物资需求情况;其他救援要求等。

(3)应急响应

①应急响应条件

按照分类管理、分级负责的原则,滩海开发公司、各基层Ⅲ级单位要根据突发事件的类别启动相应级别的应急预案响应程序。

符合下列条件之一时,经滩海开发公司应急领导小组决定,启动本专项应急预案的相应程序:

a. 发生Ⅲ级突发事件；

b. 基层单位请求滩海开发公司给予支援或帮助；

c. 接到油田公司应急联动要求。

②应急响应程序

a. 接警、报告和记录管理

（a）程序流程图（图7-3）

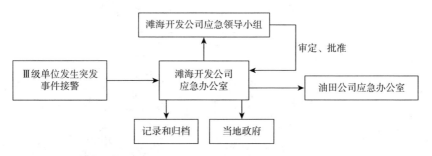

图7-3　天然气、硫化氢严重泄漏突发事件应急响应程序流程图

（b）报告

当发生突发事件，现场人员立即报告所在基层组织行政主要负责人，主要负责人应立即报告滩海开发公司应急办公室。

基层单位应在第一时间内将突发事件情况报滩海开发公司应急办公室，同时通报滩海开发公司相关部门，通过后续报告及时反映事态进展，提供进一步的情况和资料。特殊情况，事发单位可以越级向滩海开发公司应急办公室报告突发重大事件信息。

滩海开发公司应急办公室接收突发事件信息，经应急领导小组组长或副组长审查后同时向油田公司应急办公室报告。

信息报告和电信联络，应采取有效方式传递信息。发传真和电子邮件时，必须确认对方已收到。

滩海开发公司应急办公室记录Ⅲ级突发事件报告信息，保留事件报告单以及各单位原始报告记录。

现场应急指挥部应指定有关部门或人员，负责与滩海开发公司应急办公室联络，保证信息报告和指令传达畅通。

（c）应急记录及归档

各级应急办公室建立应急电话记录本和应急工作记录本，对应急行动全过程进行记录。

各级应急办公室应将全部应急活动记录及资料归档。

各级应急领导小组有关会议应保留记录。

b. 应急机构启动步骤

(a)应急办公室接到突发事件报告后,分别向应急领导小组组长和副组长报告,由组长决定是否启动相应级别的应急响应程序。

(b)启动命令下达后,应急办公室主任负责召集首次应急会议。会议内容包括但不限于:通报突发事件情况;落实应急处置职能部门及联系人,明确工作任务;明确现场应急指挥部主要成员;确定赴现场人员(包括专家);初步判定所需资源。

(c)应急指挥部根据现场应急工作需要,召开后续应急会议,研究解决应急处置有关问题;应急办公室根据事件进展情况,及时召集相关职能部门联席会议,沟通、传达相关信息,落实应急领导小组决定的工作事宜。

(d)对赴现场人员的要求

发生Ⅲ级突发事件时,按突发事件分类的职责划分,滩海开发公司主管领导或主要领导赶赴现场,负责协调指挥抢险救援工作。

各级机关职能部门赴现场人员,负责落实领导指令和专项预案要求,制定现场临时应急处置方案,并协调所需应急资源。

③应急响应解除条件

当险情得到有效控制和排除,人员安全完全得到保障,环境得到有效控制时,由指挥部指挥签署应急状态解除令,终止应急行动。

(4)应急处置

①天然气泄漏

天然气泄漏的事故应急以基层作业单位现场应急为主,各基层单位应根据工艺运行实际,按照停运、报告、切换流程、放空、堵漏、清理现场环节建立并实施具体的应急措施。典型应急处置步骤:

a. 当可燃气探头发生报警或现场人员发现天然气泄漏时,立即通知中控室值班人员。

b. 中控值班人员接到通知或发现现场可燃气探头报警后,及时通知值班干部和安全监督,并进行现场广播。

c. 由值班干部判断事态,指挥中控操作人员进行火气关断,并进行信息上报。

d. 现场所有热工作业立即停止,所有作业人员撤离到紧急集合点。

e. 操作气岗及时赶到现场,按照各岗应急部署就位,对生产系统进行泄压、放空。

f. 电工负责在配电盘对高压注气区域的临时用电断电。

g. 安全监督赶到现场,对现场进行清理和秩序控制,现场消防人员就位。

h. 当事态难以控制时,值班经理应及时上报应急办公室,并根据现场指挥部命令,进行应急响应。

注意事项:

a. 所有人员进入可燃气泄漏区域必须先释放静电,确认身上没有非防爆设备以及火种等违禁品。

b. 如可燃气泄漏发生在夜间或天气比较暗的时候,到现场抢险人员需携带防爆照明设备。

c. 如高压天然气系统可燃气泄漏区域有可能引起火灾或爆炸的高温物体,安全监督立即组织平台消防队利用消防水进行降温。

d. 抢险过程中如果发生人员受伤,安全监督立即组织人员到现场进行救护。

e. 伴随天然气泄漏发生的其他Ⅲ级突发事件(溢油、管道破裂、火灾爆炸),执行相应的应急专项预案。

②硫化氢泄漏

相关单位应依据工艺运行实际,建立并实施具体的硫化氢泄漏突发事件应急措施。

a. 当生产作业现场硫化氢浓度低于 10 ppm,且泄漏为可控状态:

(a)当硫化氢监测报警仪显示硫化氢浓度低于 10 ppm,值班人员立即报告现场值班干部,判断生产现场发生硫化氢泄漏逸散后,迅速发出警报,在生产作业现场悬挂绿色警示标志,并报公司应急办公室。

(b)值班干部进行信息上报至公司应急办公室。

(c)现场值班干部组织抢险人员对泄漏点进行排查整改,并组织现场人员检查安全设备功能是否正常,相关生产设备是否完好。

(d)现场操作人员进入生产区域须随身携带硫化氢检测仪(打开状态);需要在井口槽等生产区域进行驻留作业(单一项作业项目时间超过15 min)必须要携带正压式呼吸器双人操作,互相监护,提前做好应对突发事件迅速撤离的应急准备(确定逃生路线,安全区域)。

(e)关注现场事态变化,遵守现场值班负责人的指令。

b. 当生产作业现场硫化氢浓度高于 10 ppm 小于 20 ppm,且泄漏为可控状态:

(a)当硫化氢监测报警仪显示硫化氢浓度高于 10 ppm 小于 20 ppm,立即报告现场值班干部,判断生产现场发生硫化氢泄漏逸散后,迅速发出警报,生产作业现场悬挂黄色警示标志,并报公司应急办公室。

(b)公司应急办公室进入应急状态,随时关注事件的发展。

(c)现场值班干部安排专人观察风向、风速确定受侵害危险区。

(d)现场安全监督或现场值班干部指定的员工清点现场人数,组织非生产人员车辆撤至安全区域,现场留守车辆待命随时准备撤离。

(e)现场值班干部组织抢险人员佩戴正压式呼吸器切断危险区的不防爆电器电源及火源,对泄漏点进行排查,关闭相关工艺阻断泄漏源,组织相关单位、人员进行抢险作业。

(f)现场操作人员进入生产区域须随身携带硫化氢检测仪(打开状态);需要在井口槽等生产区域进行驻留作业(单一项作业项目时间超过 15 min)必须要佩戴正压式呼吸器,双人操作,互相监护,提前做好应对突发事件迅速撤离的应急准备(确定逃生路线,安全区域)。

(g)遵守现场最高负责人的指令。

c. 当生产作业现场硫化氢浓度高于 20 ppm,且泄漏点为可控状态:

(a)当硫化氢监测报警仪显示硫化氢浓度高于 20 ppm,立即报告现场值班干部,判断生产现场发生硫化氢泄漏逸散后,迅速发出警报,生产作业现场悬挂红色警示标志,并报公司应急办公室。

(b)公司应急办公室进入应急状态,公司应急领导小组进入应急状态,指派相关人员赶赴现场,并随时关注事件的发展。

(c)现场值班干部安排专人在主要下风口 100 m 远距离(下风口为东侧海洋端,则佩戴正压呼吸器在能到达最远距离处)检测硫化氢,公司检测组达到后由检测组接替。

(d)现场安全监督或现场值班干部指定的员工清点现场人数,组织非应急人员、车辆撤离危险区,现场留守车辆待命随时准备撤离。

(e)现场值班干部组织抢险人员佩戴正压式呼吸器切断危险区的不防爆电器电源及火源,关闭相关油井及工艺阻断泄漏源或指令相关作业单位在保证人身安全情况下进行抢险作业；如果现场人员、设备、物资等条件无法阻断泄漏源，应将情况及时上报应急办公室，并接受现场指挥部应急指令。

(f)方案组制定相应的抢险方案，由公司抢险小组负责组织具体实施，后勤保障组负责保障应急物资的供应和中毒人员的转移救护。

(g)检测组负责现场硫化氢浓度的定时检测，确定需要的警戒范围，由保卫组负责警戒。

(h)如泄漏发生在海上，指挥部将组织救援船只，到事件现场撤离人员；同时通报海上搜救中心、海事局等，请求救援；指挥部向海事局申报封闭事故海区。

d. 当主要下风口 100 m 处硫化氢浓度高于 50 ppm，或泄漏点可能失控：

(a)现场挂红色警示标志，并向公司生产应急办公室汇报。

(b)现场值班干部组织抢险人员佩戴正压式呼吸器关闭现场所有生产设施，组织相关抢险人员及相关作业单位在保证人身安全情况下进行抢险作业自救；如果现场人员、设备、物资等条件无法阻断泄漏源，应将情况及时上报应急办公室，并接受现场指挥部应急指令。

(c)公司应急办公室接报后，立即向油田公司应急办公室汇报情况，按应急领导小组指示请求油田公司支援。

(d)检测组加强现场及周围硫化氢检验，随时通报检测数据，以确定警戒及疏散范围，保卫组立即向当地政府报告，协助当地政府做好居民的疏散，协助公安部门设立警戒区；如泄漏发生在海上或主要下风口为海上，指挥部将组织救援船只，到事件现场撤离人员，同时通报总公司海上应急中心、海上搜救中心、海事局、海警等请求救援，向海事局申报封闭事故海区。

(e)方案组组织制定或参与制定抢险方案，抢险组负责或协助专业抢险队伍进行抢险作业。

(f)服从油田公司应急指挥部及地方政府应急负责人的统一指挥。

e. 若硫化氢泄漏导致或伴有火灾、爆炸情况，同时采取相应的火灾、爆炸应急处置措施，启动相应应急程序。

f. 当硫化氢泄漏源得以控制，检测组确认现场硫化氢浓度为零后，由检测组向现场最高指挥部申请解除应急状态。

g. 各级指挥部逐级宣布应急状态解除后,指挥基层单位进行人员清点、检查生产设施设备,生产恢复等活动。

(三)油田防硫化氢应急预案范例

1. 油田防硫化氢应急预案

硫化氢是一种剧毒气体,极易造成大量人员伤亡的严重事故。硫化氢可能存在的场所主要为油气处理区、生活污水处理区以及因海洋生物、微生物腐烂而生成硫化氢的区域。大量硫化氢主要来自油气泄漏,其他可能存在硫化氢的场所,可以通过作业进入前的气体检测来预防。因此本应急预案主要讨论油气泄漏情况下的应急反应。

2. 应急组织机构

应急组织机构人员分布如图7-4所示,部分层级分布如下:

总指挥:油田总监

勘查抢险小组:

　　　组　　长:生产监督

　　　副组长:维修监督、安全监督、系泊船长(外输期间)

　　　组　　员:值班主操、货油主操、油气处理操作工、甲板工

维修小组:

　　　组　　长:维修监督

　　　组　　员:机械主操、电气主操、仪表主操

救护小组:

　　　组　　长:油田医生

　　　组　　员:计控师、材料员、化验员、电气初级

通信联络小组:

　　　组　　长:报务主任

　　　组　　员:报务员、油气处理操作工、动力操作工(主要负责在对讲机失效时传递指挥口令)

图 7-4　应急组织机构

3. 防硫化氢应急预案

在 FPSO 及井口平台生产处理过程中,存在油气泄漏的可能性。当发生可燃气浓度升高时,应按油气泄漏应急情况处理,采取视觉(跑冒滴漏)、听觉(泄漏咝咝声)、嗅觉(异味)及探测仪器等手段,判定证实是否油气泄漏。当气体检测有硫化氢且浓度达到或超过安全临界浓度时,所有人员立即进入防硫化氢应急状态,作好应急准备。

(1)生产处理区大气中有硫化氢存在,浓度低于安全临界浓度

(20 ppm)时

①油田生产监督或井口平台长应立即组织操作工检查工艺流程和设施,查找漏油漏气的地方,并采取相应的处理措施。

②工艺主操或井口平台长根据油气泄漏情况可以作出对泄漏的系统和设施进行隔离或旁通,或进行生产设施的部分单元关停的指令。

(2)生产处理区大气中硫化氢浓度达到或超过危险临界浓度(20 ppm)时

①生产人员迅速撤离到上风处,立即用对讲机报告中控房。如有飞机抵达油田,报房应立刻呼叫飞机到其他油田降落。

②中控房立即报告油田总监,向油田发出警报。同时,油田总监通知中控房和井口平台做好生产关停准备工作。

③油轮或井口平台的作业立即停止,所有人员迅速撤出生产区,进入生活区,关闭生活区所有的门窗和通风口。油轮或井口平台按照各自应急预案在集合点清点人数,将人员情况报告给油田总监。

④生产监督或井口平台长立即组织勘查抢修小组。抢险人员(生产操作人员)立即使用正压式呼吸器,仅有穿戴正压式呼吸器人员才被允许在生产区抢险。

⑤若硫化氢来自大量原油泄漏,则执行油气泄漏应急预案。

⑥若油气泄漏引起火灾,则执行消防应急预案。

(3)生产处理区大气中硫化氢浓度达到或超过危险临界浓度(100 ppm)时

①生产人员迅速撤离生产区,立即用对讲机报告中控房。如有飞机抵达油田,报房应立刻呼叫飞机到其他油田降落。

②中控房或井口平台立即启动生产关停,同时报告油田总监,向油田发出警报。生产关停后,切断有关的电源、气源,杜绝一切有可能引起火灾的因素。

③油田总监立即通知守护船迅速开往油田,在上风处待命,并立即报告分公司安全应急办公室。

④油轮或井口平台的作业立即停止,除抢险人员外,所有人员迅速撤出生产区,进入生活区,关闭生活区所有的门窗和通风口。油轮或井口平台按照各自应急预案在集合点清点人数,将人员情况报告给油田总监。

⑤生产监督或井口平台长立即组织勘查抢修小组。抢险人员(生产

操作人员)立即使用正压式呼吸器,仅有穿戴正压式呼吸器人员才被允许在生产区抢险。

⑥若硫化氢来自大量原油泄漏,则执行油气泄漏应急预案。

⑦若油气泄漏引起火灾,则执行消防应急预案。

⑧生产关停后,若发现硫化氢浓度变化不大或浓度下降,则继续执行事故处理程序(见事故处理程序);若发现硫化氢浓度急剧上升,油田总监应决定弃船或弃平台。

⑨决定弃船或弃平台后,油田总监发出弃船或弃平台警报,立即报告分公司安全应急办公室。安全监督迅速准备救生艇,随时准备弃船。若生活区至救生艇处硫化氢浓度已超过危险浓度,应选择最佳方式避免伤亡情况。

⑩弃船或弃平台时,医生除按一般弃船或弃平台应急反应外,还要在生活管事、计划控制工程师的协助下,携带更多的药物,以便在守护船或救生艇上对中毒者施行抢救。

第二节　现场硫化氢应急演习

一、海上设施硫化氢应急演习

应急预案的演习人员应熟悉应急程序、应急岗位职责和组织机构之间协调的重要方式。演习应包括所有应急程序。

应急演习按演习场地可分为室内演习(台面演习)和现场演习2种。根据其任务要求和规模又可分为单项演习、部分演习和综合演习3种。

1. 单项演习

单项演习是有针对性地完成应急任务中的某个单项科目而进行的基本操作,如空气呼吸器佩戴演习、空气监测演习、报告程序演习等单一科目演习。

2. 部分演习

部分演习是针对检验应急任务中的某几个相关联的科目、某几个部分的准备情况、同应急单位之间的协调程度等进行的基本演习。如人员救护、点火程序演练、井口控制演练等。

3. 综合演习

综合演习是指所有应急程序都涉及的演练。

二、硫化氢演习流程范例

下面是某个油田的综合演习流程,供参考。

(1)演习名称:硫化氢泄漏消防演习。

(2)演示指挥:油田总监。

(3)演习时间:开始时间:××××年××月××日 17:20;结束时间:××××年××月××日 18:00。

(4)演习参加人员:设施全体人员(生产人员、维修人员和承包商人员)。

(5)演习情况:

17:20,中控操作工发现中质分离器处有疑似臭鸡蛋气味的气体,用 H_2S 探测仪发现浓度达到 30 mg/m^3(20 ppm),立即通知中控。

17:23,中控启动综合警报,广播通知"中质二级分离器处有硫化氢泄漏,请所有人员从工作现场撤离,到油轮餐厅集合"并通告当时风向;油田应急指挥小组到达中控;中控通知 5 个井口平台,模拟生产关停,通知动力转油;总指挥接通市应急中心电话。

17:24,现场停止一切作业,特别是热工作业,关闭所有作业时使用的气瓶阀门;中控主操在中控手动触发喷淋系统。

17:25,船长在现场清点人数;管事领导后勤人员关好生活楼门窗;仪表部门人员关闭风闸;机械部门关闭生活楼中央空调。

17:26,第一消防组准备好正压式呼吸器,医生准备医疗急救设备。

17:31,清点完人数后,发现未到集合点一人,广播呼喊未到人员,其仍未到餐厅集合。

17:36,安全监督组织救助组人员佩戴呼吸器并佩戴 H_2S 探测仪到现场进行搜寻未到人员。

17:40,救助组人员发现中质分离器附近发现有人晕倒,将其送回医务室进行急救。

17:41,总监通知海上直升机组派飞机到油田,接受伤人员回陆地接受进一步治疗。

17:45,待生产压力稳定,生产人员佩戴呼吸器回到现场,测试 H_2S 含量已回落到正常。

17:47,安全监督在现场发现中质二级分离器组块处有明火出现,由于中控火灾系统故障,未能自动实现喷淋,现场通知中控主操在中控手动触发该区域喷淋阀进行喷淋。

17:50,第一消防组人员佩戴好呼吸器进入现场用消防泡沫水进行喷淋灭火。

17:53,火灾无法控制,总监宣布弃船。

17:57,所有人员到救生艇处集合,准备逃生;

18:00,演习结束,到餐厅进行点评。

附录一 《硫化氢环境天然气采集与处理安全规范》(SY/T 6137—2017)

本标准代替 SY 6137—2012《含硫化氢的油气生产和天然气处理装置作业安全技术规程》、SY 6779—2010《高含硫化氢气田集气站场安全规程》、SY 6780—2010《高含硫化氢气田集输管道安全规程》三项标准。本标准以 SY 6137—2012 内容为主，主要技术变化如下：

——标准名称被修改为《硫化氢环境天然气采集与处理安全规范》；

——将已替代的三个标准之间相互冲突的相关内容做了一致性修改；

——删除了"适用性""人员培训""个人防护装备""应急预案"的相关内容(见 SY 6137—2012 的第 4 章、第 5 章、第 6 章)；

——增加了海上作业的相关要求(见 4.3)

——将"设计""建造""施工、试运及验收"的内容整合为"设计与建造"(见第 4 章，SY 6779—2010 中的第 4 章、第 5 章和 SY 6780—2010 中的第 5 章、第 6 章)；

——将已不能满足现实需要的部分内容做了修订和补充(见第 5 章、第 6 章和第 7 章)；

——增加了"现场应急处置"的相关内容(见第 8 章)；

——删除了资料性附录(见 SY 6137—2012 的附录 A、附录 B、附录 C、附录 D、附录 E)。

本标准由石油工业安全专业标准化技术委员会提出并归口。

本标准起草单位：中国石油西南油气田公司安全环保与技术监督研究院、中国石化中原油田分公司、中国石油集团工程设计有限责任公司西南分公司、北京华夏诚智安全环保技术有限公司、四川天宇石油环保安全技术咨询有限公司。

本标准主要起草人：文绍牧、黄桢、向启贵、古冉、洪祥、边文娟、张琦、陈运强、刘棋、赖晓斌、陈学锋、熊军、唐春凌、张林霞、袁勇、张毅、刘坤、余清秀、徐峰、王尔笑、张同国。

1 范围

本标准规定了硫化氢环境天然气采集与处理在工程项目设计、建造施工、生产运行、检查维护、废弃处理、紧急情况下的作业程序等方面的安全要求。

本标准适用于硫化氢环境天然气的采气、集输与处理。

2 规范性引用文件

下列文件对于本文件是必不可少的、凡是注册日期的引用文件，仅注日期的版本适合本文件。凡是不注日期的引用文件，其最新版本（包括所有的修改单）适用于本文件。

GB/T 20972 石油天然气工业油气开采中用于含硫化氢环境的材料

GB/T 22342 石油天然气工业井下安全阀系统设计、安装、操作和维护

GB/T 29639 生产经营单位生产安全事故应急预案编制导则

GB 50235 工业金属管道工程施工规范

GB 50540 石油天然气站内工艺管道工程施工规范

JJG 693 可燃气体检测报警器

JJG 695 硫化氢气体检测仪检定规程

SY/T 0599 天然气地面设施抗硫化物应力开裂和抗应力腐蚀开裂的金属材料要求

SY/T 5984 油(气)田容器、管道和装卸设施接地装置安全规范

SY/T 6277 硫化氢环境人身防护规范

SY/T 7356 硫化氢防护安全培训规范

SY/T 7357 硫化氢环境应急救援规范

TSG 21 固定式压力容器安全技术监察规程

TSG D 0001 压力管道安全技术监察规程工业管道

海上固定平台安全规则（2000 年国家经济贸易委员会）

3 一般规定

3.1 资质

从事硫化氢环境天然气工程项目设计、施工建造和生产运行全过程的各个单位应持有国家法律法规要求的资质证书。

3.2 人员要求

从事含硫化氢原油采集与处理作业人员的基本条件应按照 SY/T 7356 的规定,经考核合格后持证上岗。

3.3 管理要求

3.3.1 生产经营单位应对开发井钻完井工程施工质量进行验收。

3.3.2 生产经营单位制定的硫化氢防护管理制度和规定应包括但不限于:

a)人员培训或教育管理。

b)硫化氢报警设备、应急设备、人身防护设备的管理、使用及维护保养、设备更新等制度。

c)硫化氢浓度检测规定。

d)交叉作业安全规定。

e)巡回检查制度。

f)设备、管线腐蚀监测管理制度。

g)应急管理规定。

4 设计与建造

4.1 可行性研究

项目可行性研究阶段应进行环境影响评价、安全评价、职业病危害评价等国家规定的评价项目,评价结论应满足国家相应法律法规的要求。

4.2 设计

4.2.1 一般规定

4.2.1.1 硫化氢环境天然气采集与处理的管道、场站、处理厂、海上天然气生产设施设计应遵循国家法律法规、标准的要求。

4.2.1.2 集气站、处理厂选址应位于地势较高处,避开人口密集区。生产设施安放地点的选择应考虑主导风向、气候条件、地形、运输路线及可能的人口稠密地区和公共地区，并确保进口和出口路线无障碍物遮挡，使受限空间区域最小。

4.2.1.3 硫化氢平均含量大于或等于 5%（体积分数）的场站的宿舍、值班室宜选址于场站外地势较高处，且位于场站的全年最小频率风向的下风侧。

4.2.1.4 硫化氢环境天然气场站、海上天然气生产设施的井口区和工艺区，净化厂的工艺区，以及在人员进出频繁的位置，或长时间设置密闭装置的位置应设置固定式硫化氢监测系统，该系统应带有报警功能。

4.2.1.5 当场站、处理厂、海上天然气生产设施和管道输送介质中硫化氢气体分压大于或等于 0.0003 MPa 时，材料应考虑抗硫化物应力开裂和轻质开裂等硫化氢导致的开裂。材料选择和制造应满足 GB/T 20972 和 SY/T 0599 的要求。未在硫化氢平均含量大于或等于 5%（体积分数）的气田成功应用过的材料，应进行实验室模拟工况的测试。

4.2.1.6 硫化氢环境天然气中存在 CO_2 时，应考虑 CO_2 的腐蚀防护。

4.2.1.7 硫化氢环境天然气生产宜采用加注缓蚀剂、脱水等腐蚀控制方法进行防护。腐蚀严重的环境应采用耐腐蚀合金材料。

4.2.1.8 场站、处理厂、海上天然气生产设施和管道应配置防雷防静电设施，应急照明设施。应急照明设施应按规范要求采取防暴措施。

4.2.2 集输管道及阀室

4.2.2.1 新建采气、采气管道路由选择应避开人口稠密的地区、风景名胜区及不良地质地段等敏感区域。

4.2.2.2 新建集气干线的设计一个能满足只能清管的要求。清管设施的结构形式应满足清管及批量加注缓蚀剂的要求。

4.2.2.3 采气、集气管道安全系统应包含安全截断装置、安全泄放装置、安全报警装置。

4.2.2.4 采气、集气管道安全措施应包含自燃灾害防护设施、安全保护设施、安全预评价和环境预评价中提出的风险削减措施。新建集气干线应埋设警示带、里程桩、转角桩、警示牌。

4.2.2.5 采用干气输送的管道在投产前应对管道内表面进行干燥处理。

4.2.2.6 阀室的设置应根据管道中潜在硫化氢释放量来确定相邻

两个截断阀间的距离。

4.2.2.7 气田水输送管道宜采用非金属管。下列情况下,经现场试验确定后可采用耐腐蚀合金钢质管道或内衬耐腐蚀合金双金属管道:

a)当气田水温度大于 70 ℃时。

b)大、中型穿(跨)越等特殊地段或特殊要求时。

c)地形复杂、易滑坡地段。

d)人口密集且管道遭受第三方破坏频繁的地段。

4.2.2.8 气田水处置装置或单元排出的天然气应优先重复利用,不能利用时应进行无害化处置。

4.2.2.9 气田水处理和回注站原水及处理后水管道宜设置腐蚀监测设施。

4.2.2.10 气田水输送管线宜在水平转角处、道路、河流穿越和每1000 m 处设置标志桩。标志桩应包括"含硫化氢"或"有毒"的字样或标识、生产单位名称及可与其联系的电话号码。

4.2.3 场站

4.2.3.1 集气站应设置三级安全系统,即系统安全报警、系统安全截断和系统安全泄放;硫化氢平均含量大于或等于 5%(体积分数)的集气站应设置硫化氢有毒气体泄漏检测系统、视频监控系统、火灾报警系统、应急广播系统;气田水处理及回注场站宜设置视频监控系统。

4.2.3.2 硫化氢环境集气场站应设置置换口,宜可分区、分段设置。气田水处理装置上宜预留氮气置换、吹扫的接口。

4.2.3.3 集气场站如采用缓蚀剂防腐,应设置缓蚀剂注入口,腐蚀监测点,配置腐蚀监测设备,定期进行腐蚀监测结果评价。

4.2.3.4 集气场站应设置值班人员应急疏散通道和安全门。

4.2.3.5 硫化氢平均含量等于或等于 5%(体积分数)的天然气井,其井口方井池内宜设置固定式硫化氢监测仪器。

4.2.3.6 气田水处理场站的所有机泵、阀门、仪表等过流部件应选用耐腐蚀材料,或其表面经过耐腐蚀材料处理。储水罐及管线宜选用耐腐蚀、成熟可靠的非金属材料,当采用碳钢材料时,必须采取可靠的防腐蚀措施。

4.2.4 天然气处理厂

4.2.4.1 天然气处理厂厂址应选址于地势较高处,且尽可能靠近气田,并应与净化天然气管道走向一致。

4.2.4.2 天然气处理厂综合办公楼宜布置于厂区内地势较高处,并宜位于工艺装置区全年最小频率风向的下风侧。

4.2.4.3 天然气处理厂除厂区主要出入口外的三侧围墙,应在厂区外地势较高处,全年最小风频的下风侧至少设置一个安全出入口,并宜在厂区每个出入口附近设置风向标。

4.2.4.4 天然气处理厂总平面布置应设置足够的硫黄库房或空间,其装卸区应靠近厂区边缘布置,独立成区,并宜设置单独的出入口。

4.2.4.5 天然气处理厂应设置紧急停车系统(ESD)和气体泄漏及火灾检测系统(FGS)、扩音报警系统。ESD和FGS系统应与全厂控制系统有效连接,统一监控。

4.2.4.6 硫化氢平均含量大于或等于5%(体积分数)的天然气处理厂内,在有毒可燃气体可能泄漏并可能达到最高允许浓度的场所,应设置固定式硫化氢监测系统。处理厂内应设置配套的安全防护设施,如气防站、庇护所,详见SY/T 6277。

4.2.4.7 天然气处理厂火炬高度应经辐射热计算确定,确保火炬下部及周围人员和设备的安全。

4.2.5 放空设施

硫化氢环境天然气生产、处理场所应设立紧急火炬放空系统,含硫化氢气体应燃烧后放空。

4.2.6 海上生产设施

4.2.6.1 海上天然气生产设施中控室、生活楼宜位于工艺装置区全年最小频率风向的下风侧。全年最小风频的下风侧至少设置一个安全出入口,且宜通往救生艇。

4.2.6.2 海上天然气生产设施直升机甲板宜设置于平台较高处,且位于工艺装置区全年最小频率风向的下风侧。

4.2.6.3 硫化氢平均含量大于或等于5%(体积分数)的海上天然气生产设施宜设置大型防爆风机和应急避难所,大型防爆风机应设置于硫化氢易聚集场所;避难所要有正压防护,且气源独立,不被平台硫化氢环境污染,避难所安全配置见SY/T 6277。

4.3 建造施工

4.3.1 应建立设备、物资采购的市场准入和验收制度,设备采购、工程监理和设备监造应符合国家建设工程监理规范的有关要求。

4.3.2 硫化氢环境的焊接材料应进行焊接工艺评定,焊缝应经抗硫化氢应力开裂(SSC)和氢致开裂(HIC)实验评定合格。

4.3.3 硫化氢环境天然气采集与处理场所现场焊接应满足 GB/T 20972 和 SY/T 0599 的要求,所有设备和管件应整天进行消除应力热处理。

4.3.4 硫化氢环境天然气采集与处理场所的施工应符合设计文件、施工组织设计、施工现场 HSE 作业指导书的规定。

4.3.5 硫化氢环境天然气采集与处理场所的建造和施工过程应委托建设监理和质量监督。

4.3.6 天然气管道进行气压试验时,试压设备和试压段管线两侧 50 m 以内为试压区域,试压期试压区域内严禁有非试压人员。试压巡检人员应与管线保持 6 m 以上的距离。

4.3.7 集输管道、集气站内工艺管道试压应遵循 GB 50540 的要求;天然气处理厂的工艺管道试压应遵循 GB 50235 的要求;海上天然气生产设施工艺管道试压遵循《海上固定平台安全规则》的要求。

4.3.8 试压(运)中如有泄漏,不得带压修补,缺陷修补合格后,应重新试压(运)。试压结束后应做好清理工作。

4.4 投产试运行

4.4.1 项目投产试运应达到的条件

4.4.1.1 试运前应编制试运方案和应急预案,审批合格后实施。

4.4.1.2 投产试运(投料试车)前应完成施工交接,并完成投产试运条件的检查确认。

4.4.1.3 应建立统一的投产试运(投料试车)指挥机构,负责组织指挥试运工作。

4.4.1.4 投产试运前应对位于集气站、集输管道应急撤离区的企事业单位、学校和居民进行安全教育和风险告知。

4.4.1.5 投产试运前应按照应急预案落实抢修队伍和应急救援人员,配备抢修设备及安全防护设施,具体要求详见 SY/T 7357。

4.4.2 置换要求

4.4.2.1 管道置换空气时,应采取氮气或其他惰性气体,且其隔离长度应保证到达置换管线末端内空气与天然气不混合。

4.4.2.2　置换过程中管道内气体流速不宜大于 5 m/s. 无关人员不能进入管道两侧 50 m。

4.4.2.3　置换过程中混合气体应通过放空系统放空,并应设置放空隔离区,且放空隔离区内不允许产生烟火和静电火花。

4.4.2.4　宜利用干线置换时的惰性气体进行站内置换。

4.4.2.5　置换管道末端应配备气体含量检测设备,当管道末端放空管口气体含氧量不大于 2% 时即可认为置换合格。天然气置换惰性气体时,当甲烷含量到达 80%,连续监测三次,甲烷含量有增无减,则认为天然气置换合格。

4.4.3　腐蚀防护要求

4.3.3.1　在有条件的情况下,集输管道宜在投产前进行管道智能检测,并建立管道原始数据档案。

4.4.3.2　采用缓蚀剂防腐时,应在投产试运前对采气、集气管线进行缓蚀剂涂膜处理。

4.4.4　其他要求

4.4.4.1　应建立试运行各阶段(单机试车、吹扫、气密、置换、联动试运、投产试运)的所有原始数据、问题记录档案,并在试运行结束后形成试运行总结报告。

4.4.4.2　管道投产试运后对管线进行热应力变形检查,及时调整管线支撑。

4.4.4.3　加强管道穿(跨)越点、地质敏感点、人口聚居点巡检。

4.5　竣工验收

工程建设项目验收应遵循法律法规和相关标准规定的要求。

5　生产运行

5.1　一般要求

5.1.1　硫化氢环境下的取样或计量应采取过程控制、管理要求或佩戴个人防护装备等安全预防措施以保证人员安全。

5.1.2　当检维修、生产和建造作业中有两个或以上在同时进行时,应加强各单位之间的协调配合。应指定专人负责同步的操作,指令传达到所有的作业人员。

5.1.3 当含有硫化氢等有毒气体的天然气放空时,应将其引入火炬系统,并做到先点火后放空,燃烧排放。放空分液罐(凝液分离器)应保持低液位,防止放空气体携液扑灭火炬。

5.2 采气井口

5.2.1 井口监测装置范围应包括以下几项:

a)含硫化氢、二氧化碳采气井各层套管的环空应安装压力检测装置。硫化氢平均含量大于或等于5%(体积分数)的气井套管环空含有硫化氢时宜安装压力远传仪表实时监控。

b)监测仪表应采用法兰式或螺纹式连接。

c)监测设备的安全系数和相关参数应高于设备本体的安全系数和参数。

5.2.2 应通过操作关闭机构来测试井下安全阀的渗流率,并应至少每6个月进行一次试验。操作和维护应按GB/T 22342的要求执行。

5.2.3 井口安全阀应每半年开关动作一次,使其处于正常工作状态。

5.2.4 气体正常生产期间,井下安全阀、井口安全阀应保持全开;应打开的采气竖闸阀保持全开状态,控制系统应不渗不漏。

5.2.5 气井正常生产期间,井下安全阀、井口安全阀应保持全开;应打开的采气竖闸阀保持全开状态,控制系统应不渗不漏。

5.3 集气站

5.3.1 系统安全维护要求应包括但不限于下述条款:

a)不应擅自停用、取消或更改安全连锁保护回路中的设施和设定值,以及可燃、有毒、火灾声光报警系统。

b)对无人值守场仪表自动化设备应每日在远程终端上进行检查。

5.3.2 硫化氢平均含量大于或等于5%(体积分数)的场站、处理厂巡检时应佩戴正压式空气呼吸器,采用双人巡检,一人操作,一人监护。

5.3.3 场站紧急停车系统(ESD)在阀门关闭后,再次启动前应现场人工复位。

5.3.4 在流程易冲蚀部位应设置壁厚定期监测点,定期检测记录壁厚数据、分析风险。

5.4 集输管道

5.4.1 一般要求

5.4.1.1 应建立管道技术档案。管道技术档案包括：

a)管道使用登记表。

b)管道设计技术文件。

c)管道竣工资料。

d)管道检验报告。

e)阴极保护运行记录。

f)管道维修改造竣工记录。

g)管道安全设施定期校验、修理、更换记录。

h)有关事故的记录资料和处理报告。

i)硫化氢防护技术培训和考核报告的技术档案。

j)安全防护用品管理、使用记录。

k)管道完整性评价技术档案。

5.4.1.2 应定期对管道及其附属设施进行安全检查。

5.4.1.3 应定期对阀室阀门进行维护保养。

5.4.1.4 管道地面敷设时，应在人员活动较多和易遭车辆、外来物撞击的地段，定期检查维护所采取的保护措施。

5.4.1.5 阀室应设置明显的防火防爆、防中毒等警示标识，并进行封闭管理。

5.4.2 运行要求

5.4.2.1 硫化氢平均含量大于或等于5％（体积分数）的集气管线投产前应将产出原料气封闭于管线内48～72 h检查管道是否存在抗硫化氢应力开裂。

5.4.2.2 防止天然气形成水合物可采用注入抑制剂或加热天然气等措施，应保证天然气集输温度高于水合物形成温度3 ℃以上。

5.4.2.3 硫化氢环境湿气管道管内气体的流速宜控制在3～6 m/s。

5.4.2.4 管线紧急停车系统（ESD）截断阀触发关闭后，再次启动前应现场人工复位或远程复位。

5.4.2.5 清管作业清除的含硫污物及生产过程中产生的含硫污水应进行密闭收集、输送并进行脱除硫化氢处理工艺进行处理。

5.4.3 巡检要求

5.4.3.1 应根据管道沿线情况对管道进行定期巡检，对管线沿线路面、桁架、跨越、隧道、阀室、漏洞和河道穿越等地段进行巡检，及早发现如由于挖掘、建筑、侵入或表面侵蚀造成的管线的故障。硫化氢平均含量大于或等于5%(体积分数)的集输管道高后果区,高风险段应每周巡检至少一次。

5.4.3.2　巡检人员应佩戴便携式硫化氢气体检测仪。

5.4.4　腐蚀防护要求

5.4.4.1　应实时监控管道腐蚀情况。采用在线腐蚀监测或取样和化学分析方法进行腐蚀控制效果评定,宜对硫化氢含量大于或等于5%(体积分数)的集输管道开展管道智能检测,以便对管道的变化进行检测和对比。投入运行后应执行设计确定的腐蚀控制方法和内腐蚀控制技术,并定期进行腐蚀检测和腐蚀调查,通过腐蚀检测数据评价腐蚀控制效果,根据控制结果调整防腐方案。

5.4.4.2　应定期进行管道清管、缓蚀剂涂膜。管道清管周期应依据管道输送效率、输送压差、缓蚀剂保护膜有效保护时间确定;清管、缓蚀剂涂膜作业应制定作业方案;清管后应进行缓蚀剂涂膜作业,在打开收发球筒前,应对收发球筒喷水保湿,防止硫化亚铁自燃。

5.4.4.3　管道阴极保护率100%,开机率大于98%,阴极保护电位应控制在-0.85～-1.25 V之间。场站绝缘、阴极电位、沿线保护电位应每月检测一次。

5.5　陆上、海上天然气处理

5.5.1　安全防护

5.5.1.1　按SY/T 6277的规定配置安全设备和人身安全防护用品。

5.5.1.2　安全设备和人身安全防护用品应指定专人管理,定期检验,并作记录。

5.5.2　生产管理

5.5.2.1　对使用直流电供电的检测仪电池定期进行检查,并按照规定定期更换。

5.5.2.2　应定期维护腐蚀监测系统,利用监测数据定期评估硫化氢腐蚀状况。

5.5.2.3　进入受限空间应执行作业许可管理。

5.5.2.4　应做好设备、管线防腐、降低硫化亚铁自燃可能性;对存在硫化亚铁的设备、管道、排污口应设置喷水冷却设施。

6 检查、检修、检测

6.1 检查

6.1.1 消防设施应专人管理,定期检查、保养,并建档记录。

6.1.2 阀门、法兰、连接件、测量仪表和安全设施、安全附件等应进行经常性检查、维护、保养,并定期检测,做好维护、保养、检查记录。

6.1.3 安全阀应定期校验,合格后铅封,起跳后应再次校验,每次校验都应做记录。泄放的可燃、有毒气体应密闭排放至火炬。

6.1.4 调压阀、高低压限位阀、紧急放空阀、紧急停车系统(ESD)、脱硫溶液也为监测设备等安全保护设施及声光报警、视频监视设备应定期检查和测试。

6.1.5 应定期对原料气、净化气的气相组分进行测试以监测其中的硫化氢浓度。按照已制定的监测规程,对硫化氢检测和监测设备、报警装置、强制排空系统及其他安全装置进行定期性能检测,记录检测结果。

6.1.6 容器、管道防雷、防静电接地装置及电器仪表系统等应定期安全检查,并应符合 SY/T 5984 的要求。防雷装置每年应进行两次检测(其中在雨季前检测一次)。

6.1.7 放空火炬系统的点火装置应进行检查和维护,确保其处于正常状态。

6.1.8 每年应对安全仪表系统(SIS)进行一次实际或模拟功能测试。

6.1.9 集气站紧急停车系统(ESD)阀执行机构、集输管道线路截断阀执行机构应每半年维护检查一次。

6.1.10 应按规定进行腐蚀检测、监测,并根据检测和监测结果调整腐蚀防护措施。

6.1.11 应遵循建立的事故隐患排查治理制度,定期组织系统排查本单位的事故隐患,对排查出的事故隐患,应按照事故隐患的等级进行登记,建立事故隐患信息档案,并实施监控治理。

6.1.12 采气、集气管道维护应满足以下要求:

a)在穿越道路、公路、铁路及跨越河流处,凡有必要标明管线通过的地方,应检查标记的完好性。

b)对采气、集气管道沿线的护坡、堡坎、道路等应随时进行维护。

c)及时更换不能正常工作的仪表、阀门和腐蚀严重的管线。

d)对防护用品和通信工具等应定期检查,确保完好无损。

6.2 检修

6.2.1 一般要求

6.2.1.1 管道和装置检修时应编制检修方案,检修方案中应包含安全专篇和应急预案,报上级主管部门批准后实施。

6.2.1.2 应根据应急预案配备维(抢)修设备和器材,设置维(抢)修机构。

6.2.1.3 建设单位应组织设计、施工单位进行安全、技术交底,并应对施工单位编制的硫化氢环境作业方案组织审批。

6.2.1.4 检修前应对检修人员进行安全培训和安全技术交底,并应对检修作业条件进行确认。

6.2.1.5 检修前应物理隔离能量,检修完毕后,应组织现场验收和投产安全条件确认。

6.2.1.6 检修仪表应在泄压后进行;在爆炸危险区域内检修仪表和其他电气设施时,应先切断相应的控制电源。

6.2.1.7 管道阀室、受限空间,以及存在天然气泄漏、硫化氢容易集聚的低洼区域应先通风或置换,再检测硫化氢浓度,最后再检修或进入。

6.2.1.8 检修更换的仪器仪表、阀门、管线材质应与原设计保持一致,并遵循设备变更制度。

6.2.1.9 集输管道检修、改造焊接应遵循原焊接工艺规程规定;天然气硫化氢体积分数大于或等于5%的集输管道检修施工前应进行焊接工艺评定,评定内容应包括硫化物应力开裂(SSC)和抗氢致开裂(HIC)试验。

6.2.2 检维修安全管理要求

6.2.2.1 检维修工程中应对所用危险能量和物料进行隔离,采取上锁挂标签等措施。

6.2.2.2 对储存过含硫化氢气体的容器、设备进行检维修作业,应实行作业审批许可制度,应办理《作业许可证》。

6.2.2.3 生产经营单位应遵循硫化氢环境的作业管理制度,明确作业许可的申请、批准、实施、时限、变更及保存程序。

6.2.2.4 硫化氢环境作业同时涉及用火作业、临时用电作业、进入受限空间、高空作业、起重作业等直接作业活动时,应办理相应的作业许可证,并现场确认安全措施。

6.2.2.5 硫化氢环境作业实施现场监护制度,生产单位和承包商均应指定作业监护人,负责现场的协调和管理,并检查和确认安全措施的落实。

6.2.2.6 在超过或可能超过硫化氢安全临街浓度(30 mg/m³(20 ppm))环境下进行的作业,人员应佩戴使用正压式空气呼吸器和便携式硫化氢气体检测仪。

6.2.3 检修工艺处置要求

6.2.3.1 打开盛装过含硫化氢天然气的容器、工艺管道应采取防中毒、防火灾爆炸、防硫化亚铁自燃的处置措施。

6.2.3.2 应采取截断、防控、置换措施消除作业部位存在的硫化氢气体。人员进入受限空间时应采取隔离措施,并应遵循受限空间作业安全管理要求。

6.2.3.3 气体检测应在作业前 30 分钟内进行;中断作业后应重新检测;硫化氢气体置换合格标准为小于 30 mg/m³(20 ppm)。

6.3 检测

6.3.1 压力容器的检测应包括:

(1)年度检查。年度检验也称为在线检验,每年至少一次,可由压力容器使用单位的专业人员进行,在线检验后应填写年度(在线)检验报告,得出检验结论。检查内容按 TSG 21 的要求进行。

(2)全面检查。压力容器应于投用满三年时进行首次全面检验,下次的全面检验周期,由检验机构根据压力容器的安全状况等级确定;检验内容按照 TSG 21 的要求进行。全面检验应由有检测资质的单位进行,并出具检测报告,企业应建立完整的档案。

6.3.2 采气、集气管道的定期检测应满足:

(1)年度检验。年度检验也称为在线检验,每年至少一次,是在运行条件下对再用管道进行的检验,检验工作由使用单位进行。在线检验后应填写年度(在线)检验报告,得出检验结论;检查项目按 TSG D 0001 的要求执行。

(2)全面检查。输送硫化氢平均含量大于或等于 5%(体积分数)的天然气(湿气)的集输管道应每三年一次;管道停用一年后再次启用时,应进行全面检验及评价。其他压力管道及检验项目按 TSG D 0001 相关要求执行,由质量主管部门认可的专业检验单位承担。有下列情况之一的管道,全面检验周期可以缩短。

　　a)多次发生事故。

　　b)防腐层损坏较严重。

　　c)修理、修复和改造后。

　　d)受自然灾害破坏。

　　e)含硫化氢天然气(湿气)管道超过 8 年,其他管道投运超过 15 年。

6.3.3　固定式可燃、有毒气体检测仪的检测应包括:

(1)检定:

　　a)可燃气体检测仪、硫化氢气体检测仪应经检定合格,并出具检验合格证书。

　　b)固定式可燃气体检测仪的检定应根据 JJG 693 中的规定项目和步骤进行,仪表的检定周期不超过一年。

　　c)固定式硫化氢气体检测仪应根据 JJG 695 中的规定项目和步骤进行,仪表的检定周期不超过一年。

(2)维护:传感器应根据使用寿命及时更换。

7　废弃处置

7.1　一般规定

7.1.1　废弃作业前应进行风险和危害识别工作,指定废弃方案,如技术方案和 HSE 方案,并指定应急预案。

7.1.2　废弃作业区域应设置安全警示标志,严禁无关人员进入。

7.1.3　废弃作业完成后应清扫场地,不留污物。所占用土地宜尽可能恢复原土地利用状况。

7.1.4　弃井作业工艺、施工作业记录等应及时存档。管理单位应永久保存这些弃井作业记录文件,同时承担相应的责任。

7.2　天然气井

7.2.1　无法满足正常生产而采取长期(一年以上)关停和永久弃置处理的含硫气井应由主管机构批准后由生产经营单位进行关停或废弃作业。

7.2.2　含硫化氢气井进行计划或永久性废弃时,宜根据井的条件采取合适的废弃方法及可靠的井控措施,推荐用水泥封隔已知或可能产生达到硫化氢危险浓度的底层。

7.2.3 生产经营单位应永久保留废弃井井口坐标。废弃井井口位置应做警示标志,指明存在风险。

7.2.4 生产经营单位应建立相应的关停井监控制度。井场检查记录、压力数据、机械完整性测试数据等应归档保存。

7.3 海上天然气井

7.3.1 含硫化氢天然气井的弃置应由海油安办批准备案后方可进行作业。

7.3.2 含硫化氢天然气井进行临时或永久性弃井,应遵循法律法规、标准规范的要求。

7.4 场站设施

7.4.1 地面工艺装置无法满足现有运行参数且没有维修价值时,使用单位提出申请,经业务主管部门评估审核后,由上级机关审批后进行资产核销,废弃处理。

7.4.2 地面设施在废弃之前,应使用正确的安全处理程序。地面流程管道废弃时应经过置换、封堵。容器要用清水冲洗、吹扫并排干,敞开在大气中,并应采取预防措施防止硫化铁燃烧。

7.4.3 封存的工艺设备应在醒目的位置和管道封堵点设置封存标志,封存期间应指定日常管理要求,并定期检测设备及周围环境硫化氢浓度。

7.4.4 场站内压力容器报废后应向原登记的安全监察部门办理设备的报废注销手续。

7.4.5 废弃设施拆除后应回收进行统一处理,产生的废弃物应进行妥善处置,危险废弃物的处置与拉运应符合国家和当地政府的规章制度。

7.5 集输管道

7.5.1 含硫原料气输送管道无法满足现有运行工况且没有维修价值或因工艺变更而长期停用时,应由上级部门审批后进行废弃处理。

7.5.2 长期停运的湿气集输管线应采取防腐保护措施,依据腐蚀控制要求采取清管、缓蚀剂涂膜、硫化氢气体置换、惰性气体保护等措施。

7.5.3 废弃的集输管道应采用惰性气体进行吹扫、置换,并用盲板进行封堵。封堵后的焊接质量应由中介机构进行检验。

7.5.4 废弃的原料气输送管道应拆除沿线的阀室(井)。

7.5.5 废弃管道地面上应设标志,并应用特殊标记在相关平面图上标识,同时管理单位应向附近居民告知。

7.5.6 集输管道停用一年及以上后再次启用时,应进行全面检验及评价。全面检验项目包括:

a)外部检查的全部项目。

b)管道内检测。

c)管道壁厚和从外部对管壁内腐蚀进行有效监测。

d)无损检测盒理化检测。

e)土壤腐蚀性参数测试。

f)杂散电流测试。

g)管道监控系统检查。

h)管内腐蚀介质测试和挂片腐蚀情况检验。

i)耐压试验。

7.6 验收

7.6.1 封存与拆除施工完成后应组织验收,验收内容应包括封存与废弃后对相关人员及周边环境影响的评估。

7.6.2 封存与废弃的方案、审批文件、施工及验收资料;评估报告及其他相关资料应集中归档或备案。

7.6.3 生产经营单位应及时更新设备台账。

7.7 海上天然气生产设施

7.7.1 海上天然气生产设施的废弃处置,应符合国家海洋主管部门的相关规定和要求。

7.7.2 海上油气田实施废弃处置作业前,作业者应根据国家海洋主管部门批准文件的要求编制设施废弃处置实施方案,并报国家能源主管部门备案。

7.7.3 海上油气田终止生产后,如果没有新的用途或者其他正当理由,作业者应自终止生产之日起一年内开始废弃作业。

8　现场应急处置

8.1　现场应急处置方案的编制

8.1.1　编制要求

8.1.1.1　现场人员应定期对作业场所潜在风险源进行风险辨识,并从工艺流程、现场监测与警戒、人员救护与疏散、消防灭火等方面制定各类应急平台的处置预案。现场应急处置方案的编制应符合 GB/T 29639 的要求。

8.1.1.2　现场应急处置方案应根据现场工作岗位、组织形式及人员构成,明确各岗位人员的应急工作分工和职责。

8.1.1.3　现场应急处置方案中应明确应急处置程序、措施、报警电话、应急救援联络方式等内容,针对硫化氢泄漏、中毒、扩散等险情发生时明确应急信号、应急行动、应急救援的相关要求。

8.1.2　编制内容

应根据不同应急事件类别和对潜在风险源的辨识,针对具体的作业场所、装置或设备、设施制定相应的应急处置方案,主要包括应急事件风险分析、应急工作组织、应急处置和注意事项等内容。其中应急处置方案应包括但不限于以下类别：

a)井口、管线、装置硫化氢气体泄漏。

b)井口、管线、装置泄漏火灾爆炸。

c)井口失控。

8.2　应急行动

8.2.1　应按照制定的应急处置方案,依应急事件发现、类型辨识、严重程度判断、现场处置(撤离)、信息报送采取以下应急行动：

a)信息报送应明确发生时间、地点及现场情况。

b)已经造成或可能造成的损失情况。

c)已经采取的措施。

d)简要处置经过。

e)其他需要上报的情况。

8.2.2　硫化氢气体泄漏处置措施：

a)利用事故区域固定消防设施和强风消防车等移动设施,通过水雾稀释,降低硫化氢浓度;消防车要选择上风方向的入口、通道进入现场,停靠在上风方向或侧风方向,进入危险区的车辆应戴防火罩。在上风、侧上风方向选择进攻路线,并设立水枪阵地。使用上风向的水源,合理组织供水,保证持续充足的现场消防供水。不允许救援人员在泄漏区域的下水道或地下空间的顶部、井口处、储罐两端等处滞留,防止爆炸冲击造成伤害。

b)吹扫硫化氢等气体,控制气体扩散流动方向。

c)掩护、配合工程抢险人员施工。

d)杜绝气体泄漏区域及其周边范围产生火源,防止发生爆炸。

8.2.3 硫化氢气体着火爆炸处置措施

a)做好灭火前各项准备,重点做好着火部位及周边设施冷却降温。

b)有效控制风险源,根据现场情况进行灭火。

c)灭火后,为防止复燃,应继续冷却降温。

8.2.4 井喷失控处置措施应按 SY/T 6277 的要求进行处置。

8.2.5 当发生站场、管道内压力超高或硫化氢浓度超标、井场失火、管线爆破情况,应在确保安全的前提下迅速截断井口气源、关断事发区域上下游截断阀,并实施放空。

8.3 应急撤离

8.3.1 当发生下列情况时应急处置人员应立即疏散撤离:

a)井喷失控。

b)当现场的硫化氢已经或可能会高于 30 mg/m³(20 ppm),场站围栏或围墙外环境空间已经能够检测出硫化氢且浓度可能达到或超过15 mg/m³(10 ppm)。

8.3.2 生产经营单位代表或其授权的现场总负责人决策撤离,采用有线应急广播或声光报警等通知方式。

8.3.3 撤离主要程序:

a)向企业、当地政府报告,直接或通过当地政府机构通知公众,协助、引导当地政府做好居民的疏散、撤离工作。

b)应向远离泄漏源的上风向、逆风向、高处疏散撤离。

c)疏散撤离时佩戴硫化氢防护器具或使用湿毛巾捂住口鼻呼吸等措施。

d)监测暴露区域大气情况(在实施清除泄漏措施后),以确定何时可以重新安全进入。

8.4　培训和演练

8.4.1　涉及硫化氢环境天然气采集与处理的相关单位部门应定期组织应急处置方案的培训与演练。人员培训和应急演练记录应形成文件并至少保留一年。

8.4.2　应急演练可以通过实操演练和模拟演练的方式进行。演练应通知地方相关部门参加。对预案演练中存在的不足还应进行修订和再测试。其中,演练内容宜包括但不限于以下内容:

a)采取应急措施的各种必要操作及步骤。

b)正压式空气呼吸器保护设备的使用演练。

c)硫化氢中毒人员施救的演练。

8.4.3　应急培训与演练应确保作业人员明确自己的紧急行动责任及操作要点,熟悉紧急情况下装置关停程序、救援措施、通知程序、集合地点、紧急设备的位置和应急疏散程序。

附录二 《硫化氢环境人身防护规范》 (SY/T 6277—2017)

本标准按照 GB/T 1.1—2009《标准化工作导则第 1 部分:标准的结构和编写》给出的规则起草。

本标准代替 SY/T 6277—2005《含硫油气田人身安全防护规程》、SY 6504—2010《浅海石油作业硫化氢防护安全规程》、SY/T 6781—2010《高含硫化氢天然气净化厂公众安全防护距离》三项标准。本标准以 SY/T 6277—2005 为主。整合了 SY 6504—2010 和 SY/T 6781—2010 两项标准内容。与 SY/T 6277—2005 相比,主要技术内容变化如下:

——删除了人员培训(见 2005 年版的第 3 章);

——增加了术语和定义内容(见第 3 章);

——增加了人员健康要求内容(见 4.1);

——修改了正压式呼吸器配备、使用、检查、检验检测、存放维护要求内容(见 5.1);

——修改了便携式硫化氢检测仪配备、使用、检查、检验检测、存放维护要求内容(见 5.2);

——修改了空气压缩机配备、空气质量、布置、操作维护保养和充装人员取证要求内容(见 6.1);

——修改了硫化氢警示标示内容(见 6.3);

——增加了硫化氢通风设施内容(见 6.2);

——增加了硫化氢逃生通道内容(见 6.4);

——增加了现场配置医务室及医生的要求(见 6.5);

——增加了硫化氢环境安全作业要求(见 7.3);

——增加了搬迁区域和应急撤离区域要求(见 7.1);

——增加了公众安全防护距离要求(见 7.2);

——增加了点火条件及点火时间要求(见 8.3);

——增加了应急处置要求(见第 8 章)。

本标准由石油工业安全专业标准技术委员会(CPSC/TC20)提出并归口。

本标准主要起草单位:中国石化集团胜利石油管理局海上石油工程技术检验中心、中国石油冀东油田质量安全环保处、胜利油田油气集输总厂。

本标准主要起草人:梁永超、张乐民、王铁刚、谢振平、高升、刘欢、纪现状、高庆民、解宝卿、张文喜、袁万里、崔晓明、李双石、汤胜利。

本标准代替了 SY/T6277—2005,SY 6504—2010,SY/T 6781—2010.

SY/T 6277—2005 的历次版本发布情况为:

——SY 6277—1997。

SY 6504—2010 的历次版本发布情况为:

——SY 6504—2000(部分代替)。

1 范围

本标准规定了作业人员基本条件、人员装备和工作场所设施设备配备、安全作业和应急处置等要求。

本标准适用于中华人民共和国领域内硫化氢环境中从事石油天然气工作的人员。

2 规范性引用文件

下列文件对于本文件的应用是必不可少的。凡是注日期的引用文件,仅注日期的版本适用于本文件。凡是不注日期的引用文件,其最新版本(包括所有的修改单)适用于本文件。

GB/T 29639 生产经营单位生产安全事故应急预案编制导则

GA 124 正压式消防空气呼吸器标准

JJG 695 硫化氢气体检测仪检定规程

SY/T 6633 海上石油设施应急报警信号规定

SY/T 7028 钻(修)井井架逃生装置安全规范

SY/T 7356 硫化氢防护安全培训规范

3　术语和定义

下列术语和定义适用于本文件。

3.1　硫化氢环境 hydrogen sulfide environment

含有或可能含有硫化氢的区域。硫化氢的物理特性和对生理的影响参见附录 A。

3.2　二氧化硫 sulfur dioxide

硫化氢燃烧时生成的物质,化学分子式为 SO_2。二氧化硫的物理特性和对生理的影响参见附录 B。

3.3　阈限值 threshold limit value(TLV)

在硫化氢环境中未采取任何人身防护措施,不会对人身健康产生伤害的空气中硫化氢最大浓度值。本标准中的阈限值为 15 mg/m^3(10 ppm)。

3.4　安全临界浓度 safety critical concentration

在硫化氢环境中 8 h 内未采取任何人身防护措施,可接受的空气中硫化氢最大浓度值。本标准中的安全临界浓度为 30 mg/m^3(20 ppm)。

3.5　危险临界浓度 dangerous threshold limit value

在硫化氢环境中未采取任何人身防护措施,对人身健康会产生不可逆转或延迟性影响的空气中硫化氢最小浓度值。本标准中的危险临界浓度为 150 mg/m^3(100 ppm)。

3.6　搬迁区域 remove area

假定发生硫化氢泄漏时,经模拟计算或安全评价,空气中硫化氢浓度可能达到 1500 mg/m^3(1000 ppm)时,应形成无人居住的区域。

3.7　应急撤离区域 emergency evacuate area

发生硫化氢泄漏时,人员应进行撤离的区域。本标准中,当空气中硫化氢浓度达到安全临界浓度时,无任何人身防护的人员应进行撤离的区域;当空气中硫化氢浓度达到危险临界浓度时,有人身防护的现场人员,经应急处置无望,可进行撤离的区域。

4　人员基本条件

4.1　人员要求

4.1.1　员工应年满 18 周岁。

4.1.2　员工上岗前、离岗时、在岗期间(每年)应进行健康体检,体检医院级别不低于二等甲级。

4.1.3　对疑似职业病患者应到政府卫生行政主管部门认可的机构进行确诊。

4.2　培训

硫化氢环境中人员培训应符合 SY/T 7356 的规定。

5　现场人员装备

5.1　正压式空气呼吸器

5.1.1　技术性能

正压式空气呼吸器的技术性能应符合 GA124 的规定。

5.1.2　配备

5.1.2.1　已知含有硫化氢,且预测超过阈限值的场所应至少按以下要求配备:

a)陆上按在岗人员数 100% 配备,另配 20% 备用气瓶。

b)海洋石油设施上按定员 100% 配备,另配 20% 备用气瓶。

5.1.2.2　预测含有硫化氢的场所或探井井场应至少按以下要求配备:

a)陆上按在岗人员数 100% 配备。

b)海上钻井设施配备 15 套。

c)海上井下作业设施配备 10 套。

d)海上有人值守的采油设施配备 6 套。

e)海上录井、测井、工程技术服务队伍等按在岗人员数 100% 配备。

5.1.2.3　在输送管道、污油水处理厂(池、沟)、电缆暗沟、排(供)水管(暗)道、隧道等其他可能含有硫化氢的场所,从事相应工作的单位应配备满足工作要求的正压空气呼吸器。

5.1.3　检查

5.1.3.1　正压式空气呼吸器应处于随时可用状态,每次检查应有记录,记录至少保存一年。

5.1.3.2　日常检查应至少包括以下内容:

a)正压式空气呼吸器外观及标识。

b)气瓶压力。

c)连接部件。

d)面罩与面部的密封性。

e)供气阀。

f)报警器。

5.1.4 使用

5.1.4.1 当硫化氢浓度达到安全临界浓度或二氧化硫浓度达到 5.4 mg/m³(2 ppm)时,应立即正确佩戴正压式空气呼吸器。

5.1.4.2 使用中出现以下情况应立即撤离硫化氢环境:

a)正压式空气呼吸器报警。

b)有异味。

c)出现咳嗽、刺激、憋气、恶心等不适症状。

d)压力出现不明原因的快速下降。

5.1.5 存放和维护

5.1.5.1 正压空气呼吸器应存放在易于取用的地点;存放地点应有醒目标志,且清洁、卫生、阴凉、干燥,免受污染和碰撞。

5.1.5.2 应有专人进行维护。

5.1.6 检验

5.1.6.1 正压式空气呼吸器应每年检验一次;气瓶应每三年检验一次,其安全使用年限不得超过15年。

5.1.6.2 检验应由专业的检验检测机构进行,性能应符合出厂说明书的要求。

5.2 便携式硫化氢检测仪

5.2.1 配备

5.2.1.1 便携式硫化氢检测仪性能和技术指标应满足表1的要求。

5.2.1.2 在已知含有硫化氢的陆上工作场所应至少配备探测范围为 0～30 mg/m³(0～20 ppm)和 0～150 mg/m³(0～100 ppm)的便携式硫化氢检测仪各2套。

5.2.1.3 在已知含有硫化氢的海上工作场所除按5.2.1.2要求外,还应配备1套便携式比色指示管探测仪和1套便携式二氧化硫探测仪。

5.2.1.4 在预测含有硫化氢的陆上工作场所或探井井场至少配备探测范围为 0～30 mg/m³(0～20 ppm)和 0～150 mg/m³(0～100 ppm)的便携式硫化氢检测仪各1套。

5.2.1.5 在预测含有硫化氢的海上工作场所或探井井场至少配备探测范围为 0～30 mg/m³（0～20 ppm）和 0～150 mg/m³（0～100 ppm）的便携式硫化氢检测仪各 2 套。

5.2.1.6 在输送管道、污油水处理厂（池、沟）、电缆暗沟、排（供）水管（暗）道、隧道等其他可能含有硫化氢的场所，从事相应工作的单位应至少配备探测范围为 0～30 mg/m³（0～20 ppm）的便携式硫化氢检测仪 1 套。

表 1 便携式硫化氢检测仪技术参数表

名称	技术参数
监测精度/%	≤1
报警精度/(mg/m³)	≤5
报警方式	a)蜂鸣器;b)闪光
响应时间/s	T_{50}≤30（满量程 50%）
连续工作时间/h	≥1000
工作温度/℃	-20～55（电化学式）;-40～55（氧化式）
相对湿度/%	≤95
安全防爆性	本质安全型

5.2.2 报警值设定

便携式硫化氢检测仪应进行报警值设定。

5.2.3 检查

5.2.3.1 便携式硫化氢检测仪应处于随时可用状态。每次检查应有记录，且至少保存一年。

5.2.3.2 便携式硫化氢检测仪检查应至少包括以下内容：

a)电池电量。

b)完好性。

c)在无硫化氢区域内检测仪读数为零。

5.2.4 使用

5.2.4.1 在已知含有硫化氢的工作场所内至少有一人携带便携式硫化氢检测仪，进行巡回检测。录井仪应能进行连续检测。

5.2.4.2 在预测含有硫化氢的工作场所（如钻井场所、井下作业场所）内至少有一人携带便携式硫化氢检测仪，定时进行巡回检测。录井仪应能进行连续检测。

5.2.4.3 当发现硫化氢泄漏时,应在下风向的工作场所内外进行连续检测。

5.2.4.4 在输送管道、污油水处理厂(池、沟)、电缆暗沟、排(供)水管(暗)道、隧道等其他可能含有硫化氢的场所,作业前应使用便携式硫化氢检测仪进行检测。

5.2.5 存放

便携式硫化氢检测仪应专人保管,定点存放,存放地点应清洁、卫生、阴凉、干燥。

5.2.6 检验

便携式硫化氢检测仪的检验应符合以下要求:

a)便携式硫化氢检测仪的检验应由具有能力的检定检验机构进行。

b)便携式硫化氢检测仪每年至少检验一次。

c)在超过满量程浓度的环境使用后应重新检验。

d)检验应使用硫化氢标准样气,应符合 JJG 695 的规定。

6 工作场所设施与设备

6.1 空气压缩机

6.1.1 在已知含有硫化氢的工作场所应至少配备一台空气压缩机,其输出空气压力应满足正压式空气呼吸器气瓶充气要求。

6.1.2 没有配备空气压缩机的工作场所应有可靠的气源。

6.1.3 空气压缩机的进气质量应符合以下要求:

a)氧气含量 19.5%~23.5%。

b)空气中凝析烃的含量小于或等于 5×10^{-6}(体积分数)。

c)一氧化碳的含量小于或等于 12.5 mg/m³(10 ppm)。

d)二氧化碳的含量小于或等于 1960 mg/m³(1000 ppm)。

e)压缩空气在一个大气压下的水露点低于周围温度 5~6 ℃。

f)没有明显的异味。

g)避免被污染的空气进入空气供应系统。当毒性或易燃气体可能污染进气口的情况发生时,应对压缩机的进口空气进行监测。

6.1.4 空气压缩机应布置在安全区域内。

6.1.5 空气压缩机操作人员应按照说明书要求进行安全操作、维护和保养。

气体充装人员资格应符合政府有关规定。

6.2 通风设施

6.2.1 硫化氢环境中,有人工作的受限空间内应配备有效的强制通风设施。

6.2.2 受限空间的通风,应符合以下要求:

a)正压式通风。

b)进风口应位于安全区。

c)通风设备的防爆等级应与其安装位置的危险区域级别相适应。

6.2.3 通风设备应按照制造厂的使用说明书进行操作、检查、维护和保养。

6.3 安全警示

6.3.1 在硫化氢环境的工作场所入口处应设置白天和夜晚都能看清的硫化氢警告标志,如"硫化氢工作场所、当心中毒"等。

6.3.2 硫化氢警告标志应符合以下要求:

a)空气中硫化氢浓度小于阈限值时,白天挂标有硫化氢字样的绿牌,夜晚亮绿灯。

b)空气中硫化氢浓度超过阈限值且小于安全临界浓度时,白天挂标有硫化氢字样的黄牌,夜晚亮黄灯。

c)空气中硫化氢浓度超过安全临界浓度且小于危险临界浓度时,白天挂标有硫化氢字样的红牌,夜晚亮红灯。

d)空气中硫化氢浓度超过危险临界浓度时,白天挂标有硫化氢字样的蓝牌,夜晚亮蓝灯。

6.3.3 在硫化氢环境的工作场所应设置白天和夜晚都能看清风向的风向标。风向标的设置应符合以下要求:

a)风斗(风向袋)或其他适用的彩带、旗帜。

b)根据工作场所的大小设置一个或多个风向标。

c)安装在不会影响风向指示且易于行到的地方。

6.3.4 应对安全警示标志进行日常检查,并及时维护。

6.3.5 可能含有硫化氢的区域,检测到含有硫化氢时,应按 6.3.1 至 6.3.4 的要求。

6.4 逃生设施

6.4.1 硫化氢环境的工作场所应设置至少两条通往安全区的逃生

通道。

6.4.2 逃生通道的设置应符合以下要求：

a)净宽度不小于 1 m,净空高度不小于 2.2 m。

b)便于通过且没有障碍。

c)设有足够数量的白天和夜晚都能看见的逃离方向的警示标志。

d)逃生梯道净宽度不小于 0.8 m,斜度不大于 50°,两侧应设有扶手栏杆,踏步应为防滑型。

6.4.3 钻(修)井井架的逃生装置应符合 SY/T 7028 的规定。

6.5 现场救护

6.5.1 硫化氢环境的陆上工作场所,应配备具有医生执业资格的专职或兼职医务人员,或依托可靠的医疗机构。定员超过 15 人的海上石油设施上,应配备具有医生执业资格的专职或兼职医人员。

6.5.2 硫化氢环境的工作场所应配备以下医疗设备和药品：

a)具有基础医疗抢救条件的医务室。

b)氧气瓶、担架等。

c)硫化氢中举的常用药品,如二甲基氨基酚溶液、亚硝酸钠注射液硫代硫酸钠、维生素 C、葡萄糖等。

6.5.3 应定期检查医疗设备的完好性和药品的有效期。

7 安全作业

7.1 搬迁区域

7.1.1 天然气集气场站的搬迁区域应符合以下要求：

a)硫化氢体积分数为 13%～15%的天然气集气场站,搬迁区域边缘距最近的装置区边缘宜不小于 200 m。

b)硫化氢体积分数低于 13%或高于 15%的天然气集气场站,建设单位参考本条 a)的规定,在组织专家技术论证后,可适当减小或增大搬迁区域。

7.1.2 单列脱硫装置处理能力为 300×10^4 m³/D 级的天然气净化厂搬迁区域应符合以下要求：

a)硫化氢体积分数为 13%～15%的单列脱硫装置处理能力为 300×10^4 m³/D 级的天然气净化厂搬迁区域边缘距最外脱硫装置边缘宜不小于 400 m。

b)硫化氢体积分数低于13%或高于15%的单列脱硫装置处理能力为小于或大于$300×10^4$ m^3/D级的天然气净化厂,建设单位参考本条a)的规定,在组织专家技术论证后,可适当增大或减小搬迁区域。

7.1.3 其他硫化氢环境的工作场所,应经过模拟计算或安全评价,确定搬迁区城。

7.2 公众安全防护距离

陆上含硫化氢天然气井与民宅、铁路及高速公路、公共设施、城镇中心之间的公众安全防护距离应满足附录C的要求。

7.3 安全作业要求

7.3.1 在硫化氢环境中作业前应制定硫化氢防护安全措施,告知所有作业人员,将安全措施落实到具体岗位。

7.3.2 在硫化氢环境中作业期间应进行以下安全检查:

a)人身防护用品、设施设备均应处于可用状态。

b)风向标完好无损,警示标志清晰。

c)给正压式空气呼吸器供气的空气压缩机布置在安全区域内。

7.3.3 遇到下列情况时,应立即采取以下措施:

a)当空气中检测到硫化氢时,应立即进行告知。

b)当空气中浓度超过阈限值时,应及时通知现场人员,加密观察和检测空气中硫化氢浓度,检查泄漏点,并准备好正压式空气呼吸器。

c)当空气中浓度超过安全临界浓度但小于危险临界浓度时,无防护的人员应按第8章的规定进行应急撤离,在海上作业时,应通知守护船在平台上风向海域起锚待命。

d)当空气中含硫化氢浓度达到危险临界浓度时,有防护的现场工作人员应按第8章的规定进行应急撤离。

8 现场应急处置

8.1 应急撤离方案的编制

8.1.1 在一个场所内工作的一个或多个单位,应编制一个统一行动的硫化氢现场应急撤离方案。方案编制应符合以下要求:

a)应符合 GB/T 29639 的规定。

b)应在方案中特别规定应急行动的统一现场应急指挥。

c)应在方案中明确应急信号,海上采用的信号应符合 SY/T 6633 的规定。

8.1.2 应急撤离方案应随单位、人员、环境等变化而及时更新。

8.2 应急撤离

8.2.1 应急撤离区域

8.2.1.1 天然气集气场站的应急撤离区域应符合以下要求：

a)硫化氢体积分数为 13%～15% 的天然气集气场站，应急撤离区域边缘距最近的装置区边缘宜不小于 1500 m。

b)硫化氢体积分数低于 13% 或高于 15% 的天然气集气场站，建设单位参考本条 a)的规定，在组织专家技术论证后，可适当减小或增大应急撤离区域。

8.2.1.2 单列脱硫装置处理能力为 300×10^4 m³/D 级的天然气净化厂应急撤离区域应符合以下要求：

a)硫化氢体积分数为 13%～15% 的单列脱硫装置处理能力为 300×10^4 m³/D 级的天然气净化厂应急撤离区域边缘距最近的装置区边缘宜不小于 1500 m。

b)硫化氢体积分数低于 13% 或高于 15% 的单列脱硫装置处理能力为小于或大于 300×10^4 m³/D 级的天然气净化厂，建设单位参考本条 a)的规定，在组织专家技术论证后，可适当增大或减小应急撤离区域。

8.2.1.3 其他硫化氢环境的工作场所，应经过模拟计算或安全评价确定应急撤离区域。

8.2.2 撤离

当空气中硫化氢浓度达到应急撤离条件时，应由现场应急指挥组织人员按硫化氢现场应急撤离方案进行撤离。

8.3 含硫化氢天然气井失控井口点火规定

8.3.1 含硫化氢油、气井出现井喷事故征兆时，现场作业人员应立即进行点火准备工作。

8.3.2 含硫化氢油、气井发生井喷，且符合下述条件之一时，应在 15 min 内实施井口点火：

a)油气井发生井喷失控，且距井口 500 m 范围内存在未撤离的公众。

b)距井口 500 m 范围内居民点的硫化氢 3 min 平均检测浓度达到 150 mg/m³(100 ppm)，且存在无防护措施的公众。

c)井场周围 1000 m 范围内无有效硫化氢检测手段。

8.3.3 若周边 1.5 km 范围内经常无常驻居民，可适当延长点火时间。

8.4 应急演练

8.4.1 在日常工作中，应按硫化氢现场应急撤离方案的规定进行应急演练。每次更新硫化氢现场应急撤离方案后，应进行应急演练。

8.4.2 应急演练结束时，应进行总结，并做好记录。记录应至少保存一年。

附录 A 硫化氢的物理特性和对生理的影响
（资料性附录）

A.1 物理数据

通常物理状态：无色气体，比空气略重，15 ℃（59°F），0.10133 MPa（1 atm）下蒸气密度（相对密度）为 1.189。

自燃温度：260 ℃（500°F）。

爆炸极限：空气中蒸气体积分数在 4.3%～46%。

溶解度：溶于水和油，溶解度随溶液温度升高而降低。

可燃性：燃烧时火焰呈蓝色，生成二氧化硫，参见附录 B。

气味和警示特性：硫化氢有极难闻的臭鸡蛋味，低浓度时容易辨别出。但由于很快造成嗅觉疲劳和麻痹，气味不能用作警示措施。

表 A.1 硫化氢

在空气中的浓度			暴露于硫化氢的典型特征
%（体积分数）	ppm	mg/m³	
0.000013	0.13	0.18	通常，在大气中含量为 0.195 mg/m³（0.13 ppm）时，有明显和令人讨厌的气味，在大气中含量为 6.9 mg/m³（4.6 ppm）时气味就相当明显。随着浓度的增加，嗅觉就会疲劳，气体不再能通过气味来辨别

在空气中的浓度			暴露于硫化氢的典型特征
%(体积分数)	ppm	mg/m³	
0.001	10	14.41	有令人讨厌的气味,眼睛可能受刺激,推荐的阈限值(8 h 加权平均值)
0.0015	15	21.61	推荐的 15 min 短期暴露范围平均值
0.002	20	28.83	在暴露 1 h 或更长时间后,眼睛有烧灼感,呼吸道受到刺激
0.005	50	72.07	暴露 15 或 15 min 以上的时间后嗅觉就会丧失;时间超过 1 h,可能导致头痛、头晕和(或)摇晃;超过 75 mg/m³(50 ppm)将会出现肺浮肿,也会对人员的眼睛产生严重刺激或伤害
0.01	100	144.14	3~15 min 就会出现咳嗽、眼睛受刺激和失去嗅觉;在 5~20 min 过后,呼吸就会变样、眼睛就会疼痛并昏昏欲睡;在 1 h 后就会刺激喉道;延长暴露时间将逐渐加重这些症状
0.03	300	432.40	明显的结膜炎和呼吸道刺激
0.05	500	720.49	短期暴露后就会不省人事,不迅速处理就会停止呼吸;头晕、失去理智和平衡感。患者需要迅速进行人工呼吸和(或)心肺复苏术
0.07	700	1008.55	意识快速丧失,不迅速营救,呼吸就会停止并导致死亡。必须立即采取人工呼吸和(或)心肺复苏术
0.10 以上	1000 以上	1440.98 以上	立即丧失知觉,会产生永久性的脑伤害或脑死亡。必须迅速进行营救,应用人工呼吸和(或)心肺复苏

A.2 生理影响

硫化氢是一种剧毒气体,常在天然气生产、高含硫原油生产、原油馏分、伴生气和水的生产中可能遇到。处于高浓度(超过 150 mg/m³ (100 ppm))的硫化氢环境中,人会由于嗅觉神经受到麻痹而快速失去嗅觉。长时间处于低硫化氢浓度的大气中也会使嗅觉灵敏度减弱。人员过多暴露于硫化氢中能毒害呼吸系统的细胞,导致死亡。血液中存在酒精能加剧硫化氢的毒性,即使在低浓度(15~75 mg/m³(50 ppm))时,硫化氢也会刺激眼睛和呼吸道。吸入一定浓度的硫化氢对身体的伤害,参见表 A.1。

附录 B 二氧化硫的物理特性和对生理的影响
（资料性附录）

B.1 物理数据

通常物理状态：无色气体，比空气重。

可燃性：不可燃，由硫化氢燃烧形成。

溶解性：易溶于水和油，溶解性随溶液温度升高而降低。

气味和警示特性：有硫燃烧的刺激性气味，具有窒息作用，在鼻和喉黏膜上形成亚硫酸。

B.2 阈限值

本标准推荐的阈限值为 5.4 mg/m³（2 ppm），15 min 短期暴露极限为 13.5 mg/m³（5 ppm）。

B.3 生理影响

B.3.1 急性中毒

吸入一定浓度的二氧化硫会引起人身伤害甚至死亡，参见表 B.1。暴露浓度低于 54 mg/m³（20 ppm），会引起眼睛、喉、呼吸道的炎症，胸痉挛和恶心。暴露浓度超过 54 mg/m³（20 ppm），可引起明显的咳嗽、打喷嚏、眼镜刺激和胸痉挛。暴露浓度超过 135 mg/m³（50 ppm），会刺激鼻和喉，流鼻涕、咳嗽和反射性支气管缩小，使支气管黏液分泌增加，肺部空气呼吸难度立即增加（呼吸受阻）。大多数人都不能在这种空气中承受 15 min 以上。暴露于高浓度中产生的剧烈的反应不仅包括眼睛发炎、恶心、呕吐、腹痛和喉咙痛，随后还会发生支气管炎和肺炎，甚至几周内身体都很虚弱。

B.3.2 慢性中毒

长时间暴露于二氧化硫中可能导致鼻咽炎、嗅、味觉的改变、气短和呼吸道感染危险增加。

B.4 呼吸保护

暴露于二氧化硫(见表 B.1)含量超过规定的允许暴露极限的任何人都要佩戴正压式(供气式或自给式)带面罩的个人正压式空气呼吸器。

表 B.1 不同二氧化硫在空气中的浓度对人体的伤害

体积分数/%	ppm	mg/m³	暴露于二氧化硫的典型特性
0.0001	1	2.71	具有刺激性气味,可能引起呼吸改变
0.0002	2	5.42	阈限值
0.0005	5	13.50	灼伤眼睛,刺激呼吸,对嗓子有较小的刺激
0.0012	12	32.49	刺激嗓子咳嗽,胸腔收缩,流眼泪和恶心
0.010	100	271.00	立即对生命和健康产生危险
0.015	150	406.35	产生强烈的刺激,只能忍受几分钟
0.05	500	1354.50	吸入一口,就产生窒息感,应立即救治,进行人工呼吸或心肺复苏术(CPR)
0.10	1000	2708.99	不立即救治会导致死亡,应马上进行人工呼吸或心肺复苏术(CPR)

附录 C 含硫化氢天然气井公众危害程度
分级方法及安全防护距离防护要求
(规范性附录)

C.1 含硫化氢天然气井公众危害程度分级方法

C.1.1 含硫化氢天然气井公众危害程度等级根据其硫化氢释放速率划分,见表 C.1。

表 C.1　含硫化氢天然气井公众危害程度等级

危害程度等级	硫化氢释放速率 RR /(m³/s)
一	RR≥5.0
二	5.0＞RR≥1.0
三	1.0＞RR≥0.01

C.1.2　油气井硫化氢释放速率按公式(C.1)计算：

$$RR = A \cdot q_{AOF} \cdot C_{H_2S} \qquad (C.1)$$

式中　RR——气井硫化氢释放速率，m³/s；

　　　A——常数，7.716×10^{-8} m³·d/(mg·s)；

　　　q_{AOF}——气井绝对无阻流量最大值，10^4 m³/d；

　　　C_{H_2S}——天然气中硫化氢含量，mg/m³。

C.1.3　在含硫化氢地区，未取得绝对无阻流量或硫化氢含量的气井应按以下方法计算：

a)周边5 km范围内含硫化氢气井数超过5口，分别取其中绝对无阻流量和硫化氢含量最大的5个值，求其平均值后按C.1.2中的方法计算。

b)周边5 km范围内含硫化氢气井数不超过5口，分别取其中绝对无阻流量和硫化氢含量最大的值，按C.1.2中的方法计算。

c)周边5 km范围内不存在硫化氢天然气井，公共危害程度等级视为二级。

C.2　公众安全防护距离要求

含硫化氢天然气井公众安全防护距离要求见表C.2。

表 C.2　含硫化氢天然气井公众安全防护距离要求

油气井公众危害 程度等级	距离要求
三	井口距民宅应不小于100 m，距铁路及高速公路应不小于200 m，距公共设施及城镇中心应不小于500 m

续表

油气井公众危害 程度等级	距离要求
二	井口距民宅应不小于 100 m,距铁路及高速公路应不小于 200 m,距公共设施应不小于 500 m,距城镇中心应不小于 1000 m
一	井口距民宅应不小于 100 m,且距井口 300 m 内常驻居民户数不应大于 20 户,距铁路及高速公路应不小于 300 m,距公共设施及城镇中心应不小于 1000 m